TCP/IPの絵本

[TCP/IPの絵本 第2版]

ネットワークを学ぶ新しい9つの扉

(株)アンク

本書内容に関するお問い合わせについて

このたびは翔泳社の書籍をお買い上げいただき、誠にありがとうございます。弊社では、読者の皆様からのお問い合わせに適切に対応させていただくため、以下のガイドラインへのご協力をお願い致しております。下記項目をお読みいただき、手順に従ってお問い合わせください。

●ご質問される前に

弊社Webサイトの「正誤表」をご参照ください。これまでに判明した正誤や追加情報を掲載しています。

正誤表　　　　https://www.shoeisha.co.jp/book/errata/

●ご質問方法

弊社Webサイトの「刊行物Q&A」をご利用ください。

刊行物Q&A　　　https://www.shoeisha.co.jp/book/qa/

インターネットをご利用でない場合は、FAXまたは郵便にて、下記"翔泳社 愛読者サービスセンター"までお問い合わせください。電話でのご質問は、お受けしておりません。

●回答について

回答は、ご質問いただいた手段によってご返事申し上げます。ご質問の内容によっては、回答に数日ないしはそれ以上の期間を要する場合があります。

●ご質問に際してのご注意

本書の対象を越えるもの、記述個所を特定されないもの、また読者固有の環境に起因するご質問等にはお答えできませんので、あらかじめご了承ください。

●郵便物送付先およびFAX番号

送付先住所　　〒160-0006　東京都新宿区舟町5
FAX番号　　　03 5362 3818
宛先　　　　　（株）翔泳社 愛読者サービスセンター

※本書に記載されたURL等は予告なく変更される場合があります。
※本書の出版にあたっては正確な記述につとめましたが、著者や出版社などのいずれも、本書の内容に対してなんらかの保証をするものではなく、内容やサンプルに基づくいかなる運用結果に関してもいっさいの責任を負いません。
※本書に掲載されているサンプルプログラムやスクリプト、および実行結果を記した画面イメージなどは、特定の設定に基づいた環境にて再現される一例です。

※本書に記載されている会社名、製品名はそれぞれ各社の商標および登録商標です。

はじめに

　パソコンを使うとさまざまなことができますが、「主な使用目的は？」というアンケートを行うと、「電子メール」「Webサイトの閲覧」「SNSの利用」「動画視聴」「ネットショッピング」など、インターネットを使ってできることが回答の上位を占めるそうです。しかし、日常生活の中でインターネットを使いこなしていても、ネットワークの管理者でもない限り、その仕組みを知る機会はなかなかありません。本書のテーマであるTCP/IPとは、インターネットをはじめとするコンピュータネットワークを実現している通信プロトコル群です。

　いきなり「通信プロトコル」といわれても何のことだかわからない、という人もいるかもしれません。通信プロトコルとは、コンピュータどうしがデータをやり取りするために必要なルールのことです。世の中にはTCP/IP以外にもさまざまな通信プロトコルが存在していますが、そんな中でTCP/IPが注目されるのは、インターネットで採用されている通信プロトコルだからです。

　本書はTCP/IPの入門書です。コンピュータ通信の世界は、普段私たちの目に触れることがないぶん、理解するのが難しいといわれています。そこで、少しでもイメージしやすいようにイラストをふんだんに使って丁寧に解説しています。また、「TCP/IPについてこれから学びたいという人が、スタートラインにつくためにぜひ知っておいてほしい知識」を、厳選して紹介しています。本書を読んで、さらに詳しく知りたいと思った方は、改めて専門書や解説書を開いていただくことをおすすめします。本書でTCP/IP通信のイメージをつかんでおけば、そうした専門書や解説書に目を通したときにも理解しやすくなることでしょう。

　『TCP/IPの絵本』が最初に世に出たのは2003年12月のことになります。それ以降、みなさまのご愛顧のおかげで、このたび第2版をお届けできることになりました。初版が出てから15年近く経っていますので、最近の状況を考慮して構成を大きく変えたところもありますし、また、解説もよりわかりやすくなるように工夫しました。

　本書を通して、「コンピュータどうしのやり取り」という私たちの目に見えない世界に興味を持っていただければ幸いです。

2018年6月 著者記す

≫本書の特徴

●本書は見開き2ページで1つの話題を完結させ、イメージがばらばらにならないように配慮しています。また、後で必要な部分を探すのにも有効にお使いいただけます。

●各トピックでは、難解な説明文は極力少なくし、難しい概念であってもイラストでイメージがつかめるようにしています。詳細な事柄よりも全体像をつかむことを意識しながら読み進めていただくと、より効果的にお使いいただけます。

●付録には、ネットワークを学ぶうえで知っておきたい情報をまとめました。プロトコルとは直接関係のないトピックも登場しますが、関連情報として読み進めてください。

≫対象読者

本書は、TCP/IP をこれから学ぶ方はもちろん、一度は挑戦したけれども挫折してしまったという方にもお勧めです。また、インターネット関連の身近なトピックも登場するので、インターネットの仕組みを知りたい、という方にも役に立つと思います。

≫その他

●本文中の用語に振り仮名を振ってありますが、あくまで一例であり、異なる読み方をする場合があります。

●本編にはネットワークに関連するコマンドがいくつか登場しますが、基本的には Windows 環境での使用を想定して紹介しています。UNIX や Linux においてはコマンド名や実行結果が異なる場合がありますのでご了承ください。

TCP/IPの勉強をはじめる前に·················xiii

- ●ネットワークとは？·······························xiii
- ●コンピュータネットワーク························xiv
- ●プロトコルってどんなもの？······················xvi
- ●TCP/IPの誕生···································xviii
- ●通信サービス····································xix
- ●コマンドを使った作業について··················xx

第1章　TCP/IPの概要·····················1

- ●第1章はここがkey！····························2
- ●通信プロトコル·································4
- ●TCP/IPとは····································6
- ●階層化··8
- ●TCP/IPの構造·································10

- ●階層どうしの連絡方法……………………………………… 12
- ●階層で見るデータの送受信………………………………… 14
- ●パケットの旅………………………………………………… 16
- コラム 〜通信環境の変遷〜………………………………… 18

第2章　通信サービスとプロトコル………… 19

- ●第2章はここがkey！………………………………………… 20
- ●サーバーとクライアント…………………………………… 22
- ●データのありかを示す……………………………………… 24
- ●WWW ………………………………………………………… 26
- ●電子メール…………………………………………………… 28
- ●ファイル転送………………………………………………… 30
- ●遠隔ログイン（1）………………………………………… 32
- ●遠隔ログイン（2）………………………………………… 34
- ●ファイル共有………………………………………………… 36
- ●その他のサービス…………………………………………… 38
- コラム 〜世界初のWebページ〜…………………………… 40

第3章 アプリケーション層 · · · · · · · · · · · · · · · 41

- ●第3章はここが key！ ································· 42
- ●アプリケーション層の役割················· 44
- ●アプリケーションヘッダ················· 46
- ●HTTP プロトコル ······················· 48
- ●通信を維持する仕組み（1） ··············· 50
- ●通信を維持する仕組み（2） ··············· 52
- ● SSL/TLS ································· 54
- ●電子メールのやり取り····················· 56
- ● SMTP プロトコル ························· 58
- ● POP プロトコル ··························· 60
- ●文字コード································· 62
- ● MIME ································· 64
- コラム ～裏方アプリケーションプロトコル～ ······ 66

vii

第4章　トランスポート層 · · · · · · · · · · · · · · · · 67

- 第４章はここが key ！ · **68**
- トランスポート層の役割 · **70**
- アプリケーションの玄関 · **72**
- TCP プロトコル · **74**
- 確実に届けるために（1） · **76**
- 確実に届けるために（2） · **78**
- 問題があったときの処理 · **80**
- 届いた先で · **82**
- UDP プロトコル · **84**
- netstat コマンド · **86**
- コラム ・- NetBEUI の歴史〜 · · · · · · · · · · · · · · · · · **88**

第5章　ネットワーク層 · · · · · · · · · · · · · · · · · · **89**

- 第５章はここが key ！ · **90**
- ネットワーク層の役割 · **92**
- IP プロトコル · **94**

- IP アドレス（IPv4）……………………………… 96
- IP アドレス（IPv6）……………………………… 98
- 宛先までの道案内……………………………… 100
- 届いた先で……………………………… 102
- ネットワーク層の信頼性……………………… 104
- IP アドレスの設定 ……………………………… 106
- ネットワークの細分化………………………… 108
- LAN 内でのアドレス …………………………… 110
- 名前解決………………………………………… 112
- ifconfig、ping コマンド ……………………… 114
- コラム ～ Bluetooth ～ ……………………… 116

第6章　データリンク層と物理層 ・・・・・・・・・・117

- 第 6 章はここが key！ ………………………… 118
- データリンク層の役割………………………… 120
- データリンクと物理層………………………… 122
- ネットワークへの玄関………………………… 124
- MAC アドレスを調べる………………………… 126

ix

- ●ネットワークのつなぎ方……………………………………… 128
- ●イーサネット（Ethernet）…………………………………… 130
- ●トークンリング………………………………………………… 132
- ●その他のデータリンク………………………………………… 134
- ● PPP と PPPoE ……………………………………………… 136
- ●データリンク上の機器（1）………………………………… 138
- ●データリンク上の機器（2）………………………………… 140
- ●コンピュータのアドレス情報………………………………… 142
- コラム ～イーサネットの規格～…………………………… 144

第7章 ルーティング …………………… 145

- ●第 7 章はここが key ！ ……………………………………… 146
- ●ルーティング…………………………………………………… 148
- ●経路の決め方…………………………………………………… 150
- ●ルーターどうしの情報交換…………………………………… 152
- ●ルーティングの仕組み………………………………………… 154
- ● tracert コマンド……………………………………………… 156
- コラム ～ルーティングアルゴリズム～………………… 158

第8章 セキュリティ ・・・・・・・・・・・・・・・・・・・・・ 159

- 第8章はここが key！ ・・・・・・・・・・・・・・・・・・・・・・ 160
- 通信に潜む危険 ・・・・・・・・・・・・・・・・・・・・・・・・・ 162
- パケットを守る技術 ・・・・・・・・・・・・・・・・・・・・・・・ 164
- ファイアウォール ・・・・・・・・・・・・・・・・・・・・・・・・ 166
- プロキシサーバー ・・・・・・・・・・・・・・・・・・・・・・・・ 168
- コラム ～世界最古のウイルス～ ・・・・・・・・・・・・・・・ 170

付録 ・・・・・・・・・・・・・・・・・・・・・・・・・・・・・・・ 171

- OSI 参照モデル ・・・・・・・・・・・・・・・・・・・・・・・・・ 172
- IPv6 について ・・・・・・・・・・・・・・・・・・・・・・・・・ 174
- ネットワーク機器 ・・・・・・・・・・・・・・・・・・・・・・・・ 176
- インターネット利用時の注意点 ・・・・・・・・・・・・・・・・ 180

索引 ・・・・・・・・・・・・・・・・・・・・・・・・・・・・・・・・ 182

TCP/IPの勉強をはじめる前に

🍀 ネットワークとは？

　ネットワークと聞くと、すぐにコンピュータ用語としてのネットワーク（コンピュータネットワーク）を思いつく人もいれば、ボランティア活動や何らかの目的の下に開設された市民ネットワークなど、一般用語としてのイメージを持つ人もいるでしょう。辞書で調べると、ネットワーク（network）には「網状の組織」や「網」という意味がありますが、実際の意味を考えると「情報や労働力など、何らかの資産をお互いにやり取りできる状態」と言い換えることができそうです。

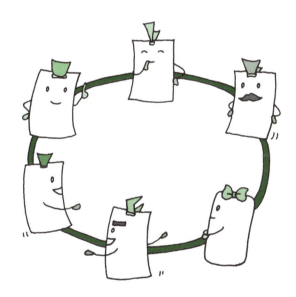

　ここに、ボランティア活動を目的に開設された比較的大規模な市民ネットワークがあったとします。ネットワークの会員となっている大勢の人たちが効率良く情報をやり取りし、さまざまな活動を円滑に行うには、運営するうえでのルールを決める必要があります。
　これと同様に、コンピュータネットワークの場合も、コンピュータどうしがデータをうまくやり取りするためには何らかのルールが必要です。ネットワーク上のやり取りを円滑に行うためのルールにあたるのが、本書のテーマであるTCP/IPなのです。

xiii

コンピュータネットワーク

コンピュータネットワークを司る仕組みであるTCP/IPについて学ぶ前に、まずはコンピュータネットワークについて知っておきましょう。コンピュータネットワークとは、コンピュータどうしをケーブル（銅線や光ファイバーなど）や赤外線、電波など何らかの手段でつないで、さまざまなデータをやり取りできる状態にしたものをいいます。

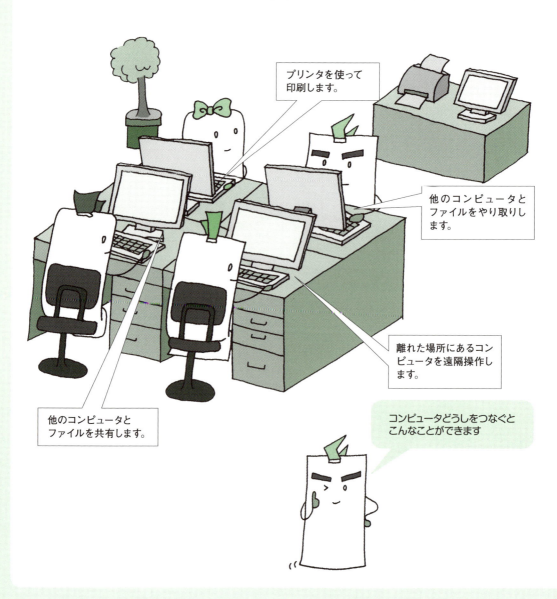

また、コンピュータネットワークには、規模に応じて次のようなものがあります。

LAN

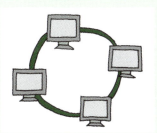

LAN（Local Area Network の略）、「ラン」と読みます。大学や研究所、企業の施設内など、比較的狭い空間にある機器どうしをつないだネットワークのことです。接続には、主に細い銅線が組み合わさった LAN ケーブルと呼ばれるケーブルを使います。一方、ケーブルを使わずに電波や赤外線などを使ってつないだものを「無線 LAN」といいます。

WAN

WAN（Wide Area Network の略）、「ワン」と読みます。会社の支店間など、地理的に離れた場所にある機器どうしをつないだ比較的大規模なネットワークのことです。接続には、主に光ファイバーケーブルや公衆網（電話回線）などが使われます。

インターネット

複数の LAN や WAN をつないだ地球規模のネットワークです。インターネット上では、コンピュータどうしはもちろん、携帯電話や小型携帯端末とも相互にデータをやり取りできます。

その他、インターネットの技術を使った地域限定版の LAN を**イントラネット**といいます。地球規模のインターネットと違い、特定の会社や地域内のコンピュータでのみ情報を公開したり、データをやり取りしたりできます。また、通常は何らかのセキュリティ対策が施され、外部のコンピュータからはアクセスできないようになっています。

コンピュータネットワークのイメージがつかめたら、次のページからはもう少し具体的に TCP/IP の実体に迫ります。

プロトコルってどんなもの？

　TCP/IPについて調べると、たいていは「通信のためのプロトコルのひとつ」と紹介されています。プロトコル（protocol）を直訳すると「議定書（異なる国どうしで取り交わされた合意文書）」となりますが、簡単に言い換えれば、国どうしが問題なく交流できるように定められたルールです。通信用語として使われる場合は、「国」に相当する部分を「機器（コンピュータ）」に、「ルール」を「手続き」に置き換えて考えればよいでしょう。でも、これだけではピンとこないと思うので、もう少し具体的な例を挙げて説明してみます。

①電話の受話器を取る

②相手の電話番号をダイヤルする

ユーザーに見えないところでは
必要な情報が伝わっていく

「電話で人と話す」という行為を考えてみましょう。何気なく行っていますが、細かく見ていくと次のような小さな操作（手続き）が集まって成り立っていることがわかります。このとき必要となる一連の手続きがプロトコルです。機器どうしで通信する場合も、いくつかのプロトコルによってやり取りが成立しています。TCP/IPは、インターネットなどを筆頭に、現在最もよく使われているプロトコル群（複数のプロトコルが集まったもの）なのです。

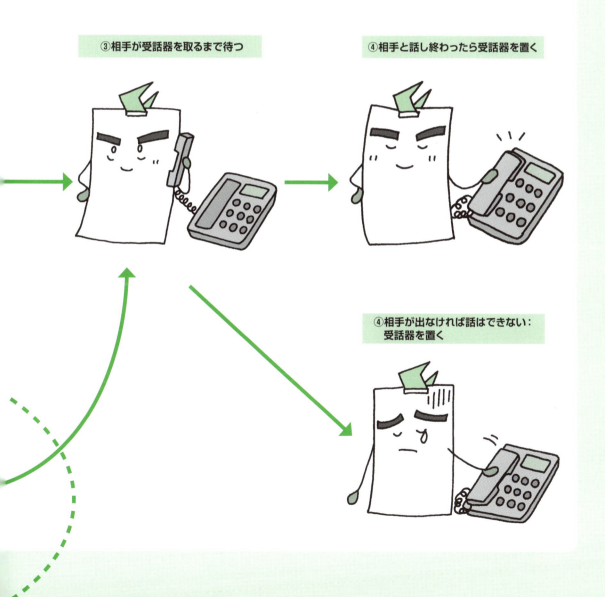

TCP/IPの誕生

　TCP/IPは、1960年代にアメリカの国防総省によって開発支援されていたARPANET（アーパネット）というネットワーク上で使用するプロトコルとして開発されました。初期のARPANETは4つのLANをつないだもので、現在のインターネットの原型といわれています。

　当時のコンピュータネットワークは、大学や企業などの特定の施設内のみのLANが主流だったため、それぞれが独自の回線やプロトコルを作ってネットワークを運用していました。もちろん、個々のLAN内で通信を行うだけならこれで問題はなかったのですが、ARPANETのように「複数のLANをつなぐ」という場合には、通信の方法を統一する必要がありました。

　ここで、コンピュータ間でどのようにデータのやり取りが行われるかを考えてみましょう。ケーブルや電波、赤外線などを使ってデータを流すには、文書でも画像でも全てのデータを電気信号や光信号に変換します。このため、データを受け取った側では、信号を再び元の文書や画像に変換する作業が必要なのですが、このときどのように信号に変換したのかがわからなければ、元に戻すことができません。そこで、信号への変換→伝達→データへの再変換という一連の流れを統一した手続きに基づいて行うTCP/IPという仕組みが生まれました。TCP/IPという共通の仕組みで世界中のネットワークをつないでいるのが、インターネットです。

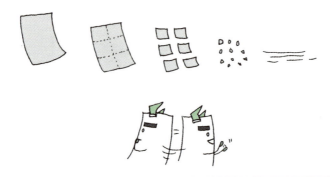

通信サービス

　ネットワークを使って利用できる機能を「通信サービス」といいます。TCP/IPの登場によってさまざまな通信サービスが実現されました。

WWW

情報の共有や検索、データのダウンロードやショッピングなどができます。Webサービスともいいます。

電子メール

世界規模の郵便システムのようなものです。テキスト文書や他形式のデータのやり取りができます。

ファイル共有

ネットワーク上に共有スペースを用意して、ファイルのやり取りや同時編集が行えます。

遠隔ログイン

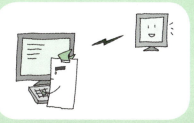

離れたところにあるコンピュータを別のコンピュータから操作できます。

その他

IP電話

ファイル転送

コマンドを使った作業について

本書では、**CUI**（Character User Interface）の環境を使って、実際にネットワークの状態を観察するためのコマンドをいくつか紹介しています。Windowsでは、Windows PowerShell（以下PowerShell）を利用して作業してください。

≫ 起動方法

Windows 10の場合は、次のような起動方法があります。

・[スタート]ボタン → [スタート]メニュー → [Windows PowerShell] → [Windows PowerShell]の順に選択する。
・[検索ボックス]に「powershell」と入力 → 検索結果から[Windows PowerShell]を選択する。
・[スタート]ボタンを右クリック → 右クリックした中に「Windows Powershell」があるので、選択して直接起動する。

≫ PowerShellの画面の見方

PowerShellの画面では、下のように文字のみが表示されていて、キーボードからコマンドを入力して操作します。

[Enter]キーを押すと、入力したコマンドを入力します。実行結果はその下に表示されます。

1 TCP/IP の概要

第1章は ここが Key

 TCP/IP ってどんなもの?

「TCP/IP の勉強をはじめる前に」でも紹介したとおり、TCP/IP とはデータの送受信に関わる一連の作業をまとめたものです。ひと口に「一連の作業」といっても、送信側で行われること、送信側から受信側に行くまでの間に行われること、受信側で行われることなど非常に多くの工程からなっています。これらをいきなり 1 から学んでいくのは難しいので、まずはおおまかに TCP/IP の仕組みを知り、データの送受信がどんな風に行われるのかということから見ていきましょう。

「データをデジタル信号にする→送り先に届ける→デジタル信号をデータに戻す」という作業を効率良く行うために、TCP/IP では、データを信号にしたり、信号をデータに戻したりするのに 5 段階の手順を踏みます。各段階のことを層(レイヤー)といい、上から順にアプリケーション層、トランスポート層、ネットワーク層、データリンク層、物理層と呼ばれています。データが私たちに近いところから、だんだんと機械の世界へ潜っていくイメージです。データリンク層に物理層を合わせて、4 階層として扱うこともあります。

 小分けして送る

　TCP/IPの特徴のひとつに、「データを一定の大きさに分割して送る」ということがあります。小さく分けられたデータのひとつひとつをパケット（小包）といい、このような通信方法を「パケット通信」といいます。

　パケット通信では、データを細分化することで1つの回線を使って複数のデータをほぼ同時に送受信することができます。また、仮に通信中にデータの一部が壊れてしまっても、該当する部分だけを再送すればよいというメリットもあります。

　第1章では、データがどんな風にパケットになって相手に届くのかを見ていきます。それでは、TCP/IPの世界をのぞいてみましょう。

通信プロトコル

ネットワーク上のコンピュータどうしがデータをやり取りするには、そのための仕組みが必要です。

🔓 データのやり取りは難しい

コンピュータどうしがデータをやり取りするときには、機種や通信方式といった、さまざまな違いが問題になります。

コンピュータ間でデータをやり取り（送受信）するための共通の仕組みを作れば、個々の違いに関係なくデータをやり取りすることができます。

通信プロトコル

データをやり取りするには、送信側と受信側のコンピュータがあらかじめ決められた共通のマニュアルに沿って連絡を取り合います。このマニュアルのことを**プロトコル**といいます。たとえば、データを安全に送受信するには、次のようなやり取りを行います。

①開始
もしダメだって言われたら、ユーザーに通信できませんって知らせなきゃ。
通信をはじめます。
了解。
送信側　受信側

②データの送受信
もし返事がなかったら、送りなおさなきゃ。
今から送ります。
データ
データを受け取りました。
送信側　受信側

③終了
通信を終了します。
はい。
バイバイ。
送信側　受信側

コンピュータは決められたこと以外はできないので、やり取りの順番や対応についてはとても細かい部分まで決めてあげる必要があります。

 1 TCP/IP の概要
 2 通信サービスとプロトコル
 3 アプリケーション層
 4 トランスポート層
 5 ネットワーク層
 6 データリンク層と物理層
 7 ルーティング
 8 セキュリティ
 9 付録

TCP/IP とは

TCP/IP は全世界共通の通信プロトコルです。

TCP/IP

もしも世界共通の通信プロトコルがあったら、そのプロトコルさえ使っていればどんなコンピュータどうしでもやり取りできるようになります。現在、全世界共通の通信プロトコルとして利用されているのが TCP/IP です。

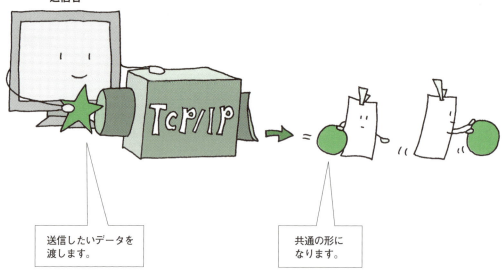

送信したいデータを渡します。

共通の形になります。

TCP/IPはさまざまなコンピュータに対応するためのブラックボックスなのです。

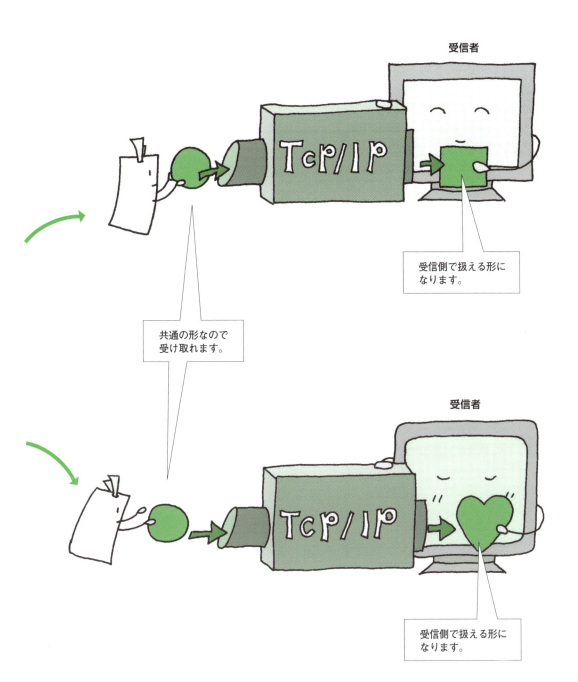

データのやり取りにはいろいろな作業が必要です。1つのプロトコルでそれら全てに対応するのは大変なので、TCP/IPは複数のプロトコルからできています。

階層化

TCP/IPは、送受信に必要な作業をいくつかの段階に分けて行います。

段階に分けて処理する

TCP/IPでは、送受信に関わる一連の作業をいくつかの段階に分けて行います。各段階を**層（レイヤー）**といい、層に分けることを**階層化**といいます。会社組織に例えるなら、各階層は部署にあたります。

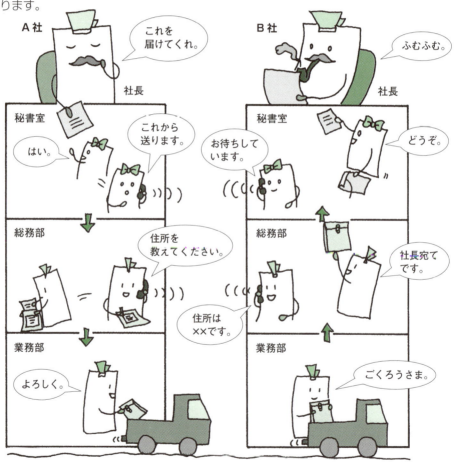

各部署には作業マニュアルが用意され、それに従って作業を行えば、他の部署のことを知らなくても社長の要求に対応できます。つまり、階層化には「階層ごとに作業を独立させられる」というメリットがあるのです。

TCP/IP は 5 階層

TCP/IP は 5 階層で構成されています。データが相手に届くまでの流れを追いながら、各階層のおおまかな役割を見てみましょう。

送信側	説明	受信側
	受信側のアプリケーションで扱えるようにします。	アプリケーションで表示、再生します。
	ネットワーク上での共通の形にします。	データに問題があれば、再送してもらいます。
	送信先への経路を決めて、送れる形にします。	データの宛先を確認して、自分宛てでなければ破棄します。
	ビット列（0と1で表したもの）に変換します。	ビット列をデータに変換します。
	ビット列を、電圧の変化や光の点滅の信号に変換して送信します。	電圧の変化や光の点滅の信号をビット列に変換します。

 1 TCP/IP の概要

 2 通信サービスとプロトコル

 3 アプリケーション層

 4 トランスポート層

 5 ネットワーク層

 6 データリンク層と物理層

 7 ルーティング

 8 セキュリティ

 9 付録

階層化 9

TCP/IP の構造

5 つの階層に分かれている TCP/IP の基本構造を紹介します。

 各層の役割とプロトコル

TCP/IP は 5 つの階層に分かれており、上にいくほどユーザーに、下にいくほど機器に近い作業を担当しています。各層にはさまざまなプロトコルが用意されていて、TCP（Transmission Control Protocol／トランスミッション コントロール プロトコル）と IP（Internet Protocol／インターネット プロトコル）もその中のひとつです。

アプリケーションに合わせた通信を行えるようにします。アプリケーションごとにさまざまなプロトコルがあります。	**アプリケーション層** HTTP　SMTP　POP3　FTP TELNET　NNTP　RCP…
送信されたデータを、確実に受信側のアプリケーションに届けるために働きます。	**トランスポート層** TCP　UDP
受信側のコンピュータまでデータを届けるために働きます。届けたデータが壊れているかということや、受信側が受け取ったかということは関知しません。	**ネットワーク層** IP
ネットワークに直接接続された機器間を伝送できるようにします。ネットワーク層と物理層の間の違いを完全に吸収するために、さまざまなプロトコルがあります。	**データリンク層** Ethernet　FDDI　ATM PPP　PPPoE…
データを信号に、信号をデータに変換します。変換方法は通信媒体に依存するため、特定のプロトコルは決められていません。	**物理層**

（上：ユーザーに近い　下：機器に近い）

一般に TCP/IP というと、この 5 階層全体のことを指します。しかし、TCP と IP という 2 つのプロトコルのみを指す場合もあるので、それと区別するために 5 層全体のことを **TCP/IP プロトコルファミリー**ということもあります。

10　第 1 章／ TCP/IP の概要

プロトコルを組み合わせる

プロトコルの組み合わせを変えることで、いろいろなアプリケーションや機器に対応できるようになっています。

> 新しいアプリケーションを開発した場合、アプリケーション層のプロトコルさえ作れば、インターネットで使えるようになります。

> TCPとIPの組み合わせが基軸となるので、TCP/IPといいます。

> 新しい機器を発明した場合、データリンク層のプロトコルさえ作れば、インターネットで使えるようになります。

たとえば、電子メールの送信なら SMTP と TCP と IP、受信なら POP3 と TCP と IP など、「何をするか」によって利用するプロトコルの組み合わせが変わります。

 1 TCP/IP の概要

 2 通信サービスとプロトコル

 3 アプリケーション層

 4 トランスポート層

 5 ネットワーク層

 6 データリンク層と物理層

 7 ルーティング

 8 セキュリティ

 9 付録

TCP/IP の構造　11

階層どうしの連絡方法

送信側と受信側の同じ階層間では、どのような方法で情報を交換しているのでしょうか。

🔓 必要な情報を付加する

送信側の各層では、受信側の同じ層で必要となる情報を共通の書式でデータに付加していきます。データよりも前に付加した情報を**ヘッダ**、後ろに付加した情報を**トレーラ**といいます。

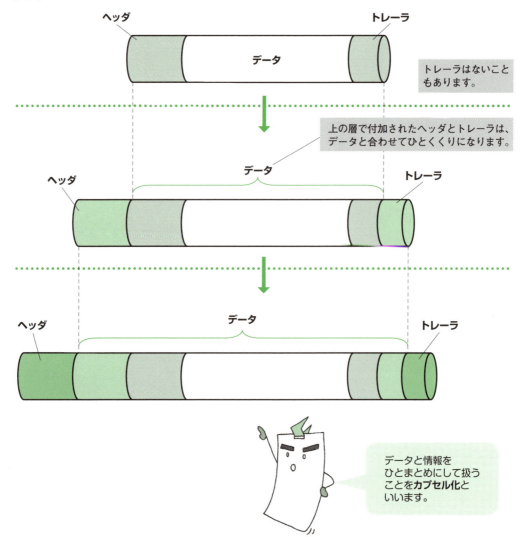

トレーラはないこともあります。

上の層で付加されたヘッダとトレーラは、データと合わせてひとくくりになります。

データと情報をひとまとめにして扱うことを**カプセル化**といいます。

ヘッダと階層化の関係

送信側の各層で付加されたヘッダやトレーラは、受信側の同じ層でのみ利用されます。そのため、お互いに同じ層の間だけで連絡を取り合っているかのように見えます。

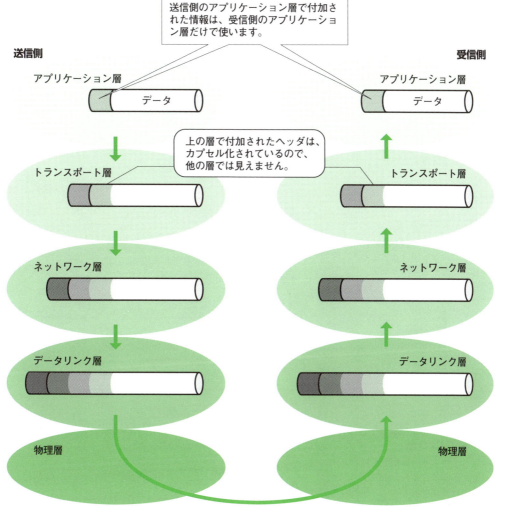

送信側のアプリケーション層で付加された情報は、受信側のアプリケーション層だけで使います。

上の層で付加されたヘッダは、カプセル化されているので、他の層では見えません。

利用したヘッダ（トレーラ）は順に外されていきます。

階層どうしの連絡方法   13

階層で見るデータの送受信

各階層ではどのようなことが行われているのか見てみましょう。

送信側の作業

送信側では、次のようなことが行われます。

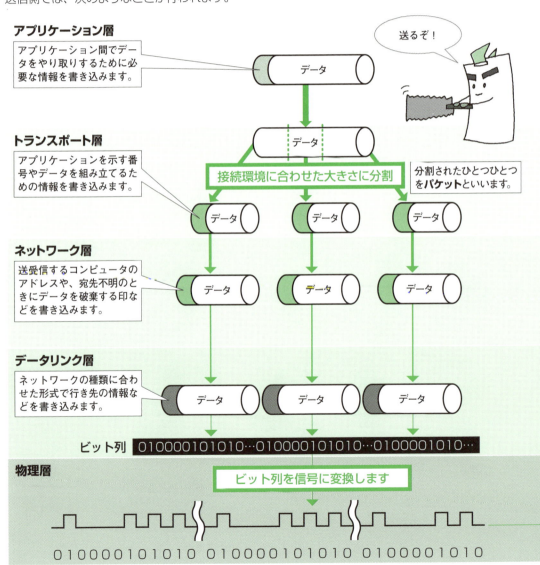

🔓 受信側の作業

受信側では、送信とは逆の手順を踏んでデータを組み立てます。

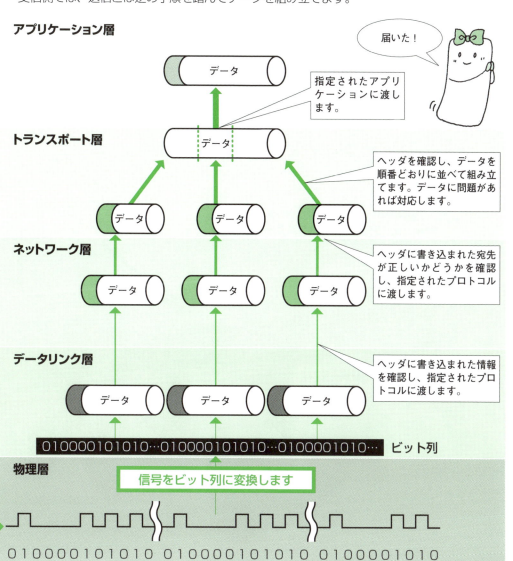

パケットの旅

ネットワーク上をパケットがどのように流れていくのか、おおまかにイメージしてみましょう。

🔓 パケット通信

TCP/IPでは、データを一定の大きさ（パケット）に分割して送受信する**パケット交換**という方法でやり取りを行います。このような通信方法をパケット通信といいます。

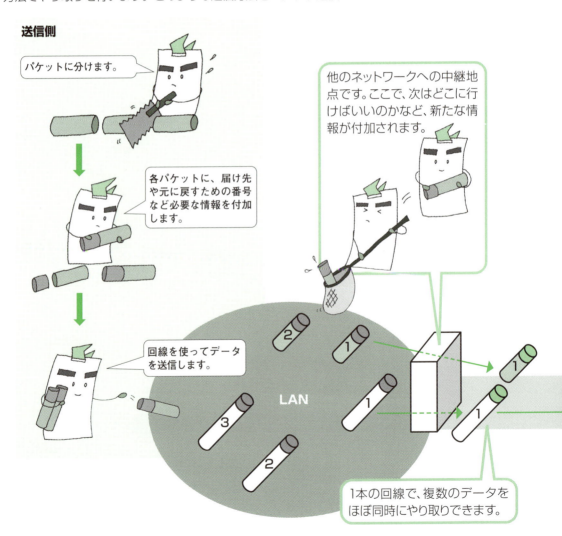

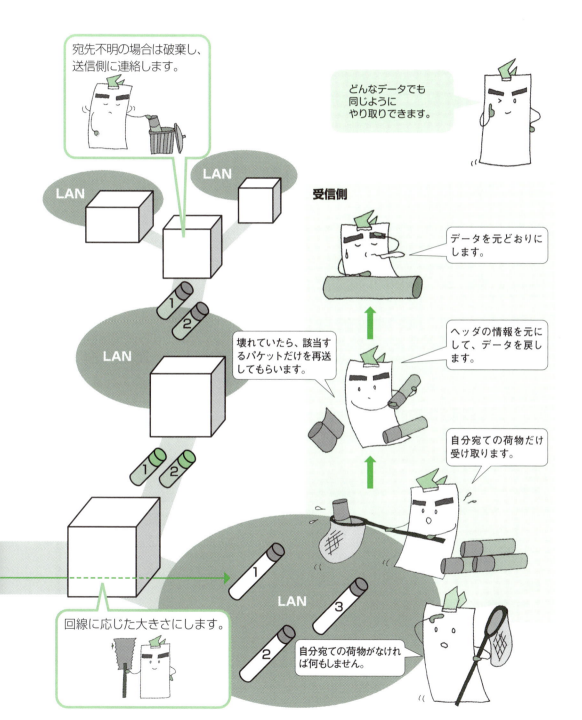

COLUMN

～通信環境の変遷～

　現在では、光回線や無線などによる高速でスムーズな通信が当たり前のようになっています。こうした状況に至るまでに一般に普及した通信環境とその速度の変遷を、古いものから簡単に見ていきましょう。

アナログ電話回線（ダイヤルアップ接続）
モデムを使って電話回線とコンピュータを接続し、アナログ信号で通信を行います。そのため電話との併用はできませんでした。

ISDN（Integrated Services Digital Network）
電話やFAX、コンピュータ間の通信など、さまざまなデータをデジタル信号で転送できる電話回線網です。回線が2本ぶんあるので電話とコンピュータ通信の併用ができます。また2本両方を使って最高128kbpsの通信も可能でしたが、この場合接続料金も2倍となりました。

ADSL（Asymmetric Digital Subscriber Line）
既存のアナログ電話回線のうち、電話には使われていない周波数帯を利用してデジタルデータを転送します。電話と併用できますが、光回線や携帯電話の普及で利用者は減少しています。

CATV
ケーブルテレビの回線を利用して通信を行います。ADSLとほぼ同時期に開始されたサービスですが、通信速度の向上などもあり、現在でも利用者は少なくありません。

光回線
各家庭まで光ファイバーケーブルを敷設し、デジタルデータを転送します。非常に高速で、現在の有線回線の主流となっています。

無線
電波を利用して通信を行います。最近では、無線LAN規格のひとつであるWi-Fiが一般的です。

通信速度の一例

回線の種類	上り[※]	下り[※]
ダイヤルアップ	56kbps	56kbps
ISDN	64kbps	64kbps
ADSL	5Mbps	50Mbps
CATV	10Mbps	320Mbps
光回線	1Gbps	1Gbps
無線	30Mbps	440Mbps

※コンピュータからインターネットへデータを送ることを「上り」、その逆を「下り」と表現します。また、速度は理論値で、実際には環境やさまざまな条件に左右されます。

2

通信サービスとプロトコル

第2章は ここが Key

TCP/IP が可能にしたこと

　TCP/IP の誕生によって、異なる仕組みを持つコンピュータどうしのやり取りが容易になりました。その結果登場したのが、世界を結ぶ巨大ネットワーク、インターネットです。

　インターネットといえば、電子メールや Web サイトを思い浮かべる人も多いでしょう。日ごろ何気なく行っている電子メールのやり取りや Web サイトの閲覧は、全て TCP/IP の仕組みのうえに成り立っています。電子メールのやり取りはともかく、Web サイトの閲覧については「他のコンピュータと通信している」という意識は薄いかもしれません。しかし、これも「コンピュータどうしのやり取り」によって実現しているのです。この章では、Web ページが表示されるまでに、コンピュータ間でどのようなやり取りが行われているのかも紹介します。

　その他、LAN や WAN の環境で利用できるサービスも数多くあります。この章では、それらの一部を紹介しながら TCP/IP の実際の活躍現場を見ていきます。

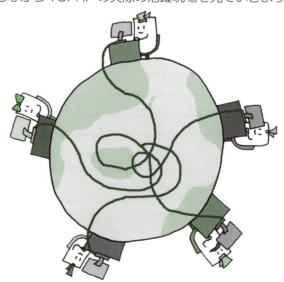

通信サービスとプロトコル

　左ページで、「通信サービスはコンピュータどうしのやり取りによって成り立っている」といいました。しかし、もう少し厳密にいうと、「コンピュータどうし」ではなく、「コンピュータの中にあるプログラムどうしのやり取り」というのが正しいでしょう。サービスを提供する機能を持ったプログラムを**サーバー**（給仕する人）、サービスを受ける機能を持ったプログラムを**クライアント**（依頼人）といいます。ほとんどの通信サービスは、サーバーとクライアントのやり取りという形で成立しているのです。

　レストランで客の注文に対して料理が出てくるように、通信サービスもクライアントがサーバーに対して要求を出すところからはじまります。このとき、サーバーとクライアントの間で行われるサービス固有のやり取りの「取り決め」を**アプリケーションプロトコル**といいます。

　この章では、主な通信サービスの仕組みとそれを実現しているアプリケーションプロトコルを紹介します。TCP/IPの各階層について詳しく学ぶ前に、まずはTCP/IPによって成り立っている通信サービスを知っておきましょう。

ここが Key! 21

サーバーとクライアント

通信サービスの基本となるのが、「サーバー」と「クライアント」という考え方です。

サービスを提供する側／される側

サービスを提供する側を**サーバー**、サービスを受ける側を**クライアント**といいます。TCP/IPを利用した多くのサービスは「サーバーとクライアントのやり取り」という形で成り立っています。

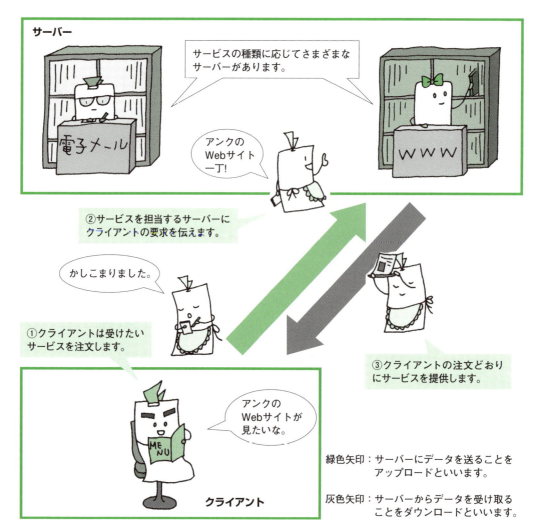

》1台何役？？

サーバーは、サービスを提供する機能を持ったプログラムであり、クライアントは、サービスを要求して、ユーザーにわかる形で表示する機能を持ったプログラムです。つまり、通信サービスは、2つのプログラムのやり取りによって実現しているのです。

たとえば、1台のコンピュータが電子メールサービスを提供する機能と、WWWサービスを提供する機能を持っている場合、「WWWサーバーであると同時にメールサーバーでもある」ということになります。

データのありかを示す

サーバーに「このデータが欲しい」と要求するときは、データのありかを確実に示す必要があります。

URLとは？

ネットワーク上にある特定のデータなどを示すときに使われるのがURL（Uniform Resource Locator）です。普段、何気なく見ているURLですが、細かく見ると次のような構造になっています。

このURLは、「翔泳社のWWWサーバー内の「ehon」フォルダにある、「shiori」フォルダの中のindex.htmlファイル」を示しています。

スキーム名

スキーム名はサービスを表しており、例えば次のようなものがあります。

スキーム名	サービス名
http	WWW
https	WWW（SSL/TLS）
ftp	ファイル転送
mailto	電子メール
telnet	遠隔ログイン
file	ローカルファイル

URLは、WWW以外のサービスでも利用されています。

ドメイン

左記の URL で、ドメインの構造をもう少し詳しく見てみましょう。

サーバー名
www は WWW サーバーによく使われます。

組織の属性
教育機関や企業など、組織の性質を表す文字列です。国ごとに違います。

www.shoeisha.co.jp

.（ピリオド）で区切ります。

組織名
組織などの固有の文字列です。

国コード
国ごとに決められたコードです。

このドメインが示すのは「日本の企業である翔泳社の WWW サーバー」です。階層構造になっており、右の項目に行くほどグループの規模は大きくなります。

英語表記の住所のようですね。

gTLD と ccTLD

「com」や「org」など、国に関係なく利用できる組織の属性を **gTLD（generic Top Level Domain）** といいます。gTLD を利用する場合、国コードは不要になります。一方、国内でのみ利用可能な組織の属性（「co」など）を **ccTLD** といいます。

主な gTLD	意味
com	「commercial」の略で、商業用です。
org	「organization」の略で、非営利団体用です。
net	「network」の略で、ネットワーク関連の企業用です。
biz	「business」の略で、ビジネス用です。
info	「information」の略で、情報サービス関連の企業用です。

最近では非常によく見かけます。

必ずしも上記に挙げた意味どおりに使用しなければならないわけではなく、たとえば個人で「com」を取得することも可能です。

データのありかを示す 25

WWW

インターネットといえば、Web ページの閲覧です。これを実現しているサービスを WWW といいます。

🔓 WWW（World Wide Web）

Web ページは、ページの一部に別のページの位置情報を埋め込んで両者を結び付けることのできる**ハイパーテキスト**という文書で作られています。そのため、下のようなことができます。

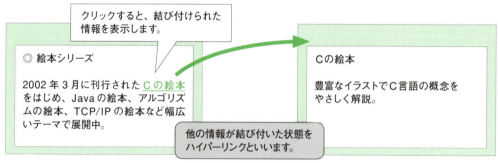

ハイパーテキストを使って世界中のネットワークで情報を公開・共有するサービスを **WWW サービス**といいます。

🔓 WWW ブラウザ

WWW においてクライアントとなるのが、WWW（Web）ブラウザというアプリケーションです。サーバーから受け取ったデータをユーザーにわかりやすい形式で表示します。

26　第 2 章／通信サービスとプロトコル

WWW の概要

WWW は、WWW サーバーと WWW ブラウザのやり取りで成り立っています。やり取りは、HTTP（Hyper Text Transfer Protocol）というプロトコルに基づいて行われます。

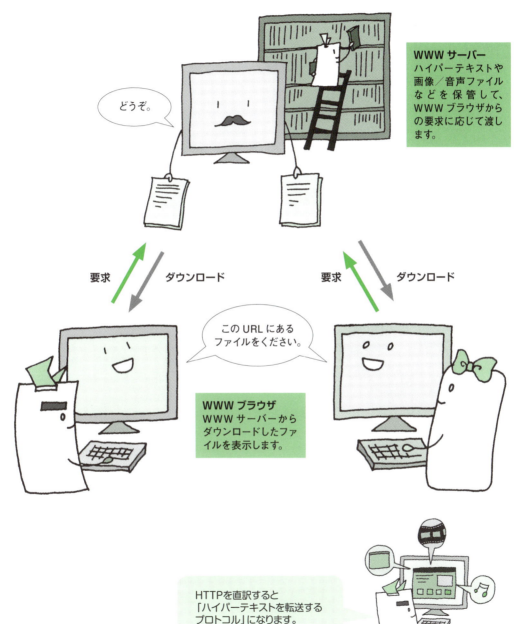

WWW サーバー
ハイパーテキストや画像／音声ファイルなどを保管して、WWW ブラウザからの要求に応じて渡します。

どうぞ。

要求　ダウンロード　要求　ダウンロード

このURLにあるファイルをください。

WWW ブラウザ
WWW サーバーからダウンロードしたファイルを表示します。

HTTPを直訳すると「ハイパーテキストを転送するプロトコル」になります。

 1 TCP/IP の概要

 2 通信サービスとプロトコル

 3 アプリケーション層

 4 トランスポート層

 5 ネットワーク層

 6 データリンク層と物理層

 7 ルーティング

 8 セキュリティ

 9 付録

電子メール

ネットワークを郵便網に見立ててユーザーどうしがやり取りできる電子メールサービス。その概要をちょっとのぞいてみましょう。

電子メールサービス

ユーザーどうしが文字やファイルを気軽にやり取りできるサービスに電子メールサービスがあります。実社会の郵便システムと違うのは、メールのやり取りがお互いのメールボックスを介して行われるところです。

@ で区切ります。

user1@mail.shiori.co.jp

メールアカウント
ユーザー固有の文字列です。

ドメイン
メールボックスのあるサーバーの住所です。

メールアドレスは、メールボックスの場所を示します。

しおりです。郵便は届いていますか？

ありますよ。どうぞ。

user 1

mail.shiori.co.jp

自分のメールボックスを確認し、メールが届いていたら受け取ります。

メールサーバーは郵便局、メールボックスは私書箱のようなイメージです。

メーラー

電子メールサービスにおいてクライアントとなるのが、メーラーというアプリケーションです。

OutlookやThunderbirdなどが有名です。

送受信	返信	転送

受信側のメールアドレス（To）
送信側のメールアドレス（From）
件名（Subject）
本文

28　第2章／通信サービスとプロトコル

電子メールの概要

電子メールサービスは、メールサーバーとメーラーとのやり取りで成り立っています。やり取りには主に2つのプロトコルが利用されていて、図で緑色矢印の部分を担当するのが **SMTP**（Simple Mail Transfer Protocol）、灰色矢印の部分を担当するのが **POP**（Post Office Protocol）です。

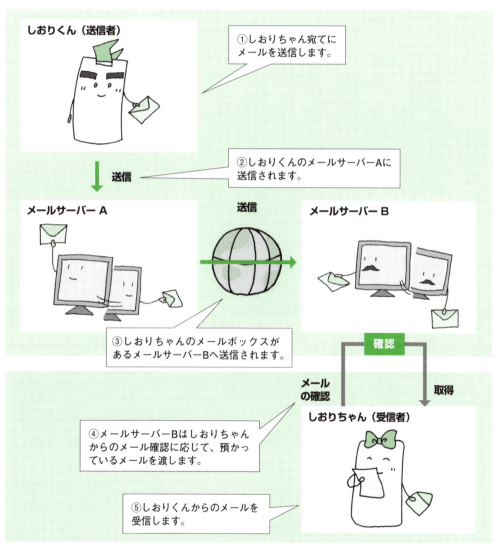

SMTPを使ってメールの転送を担当するプログラムを **SMTPサーバー**、POPを使ってクライアントへのメールの提供を担当するプログラムを **POPサーバー** といいます。通常は、1台のコンピュータがSMTPサーバーとPOPサーバーを兼任しています。

電子メール　29

ファイル転送

ファイル転送は効率良くファイルをやり取りするためのサービスで、FTP サービスが代表的です。

🔓 ファイル転送

コンピュータ間で簡単にファイルをやり取りできるサービスに、ファイル転送サービスがあります。WWW サーバーに Web ページのデータをアップロードするときなどに使われています。

1つずつではなく、まとめて送ることもできます。

ファイル転送サービスでは、FTP サービスが有名です。あらかじめ FTP サーバー内に転送スペースを用意して、クライアントがファイルのアップロードやダウンロードをできるようにします。

🔓 FTP クライアント

FTP サービスでクライアントとなるのは、専用のアプリケーションや FTP サービスに対応した WWW ブラウザなどです。

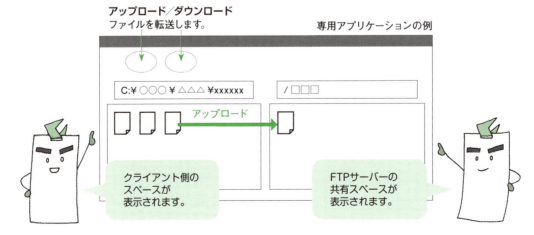

アップロード／ダウンロード
ファイルを転送します。

専用アプリケーションの例

クライアント側のスペースが表示されます。

FTPサーバーの共有スペースが表示されます。

FTPの概要

FTPサービスは、FTPサーバーとFTPクライアントのやり取りによって成り立っています。やり取りは、**FTP**（File Transfer Protocol）というプロトコルに基づいて行われます。

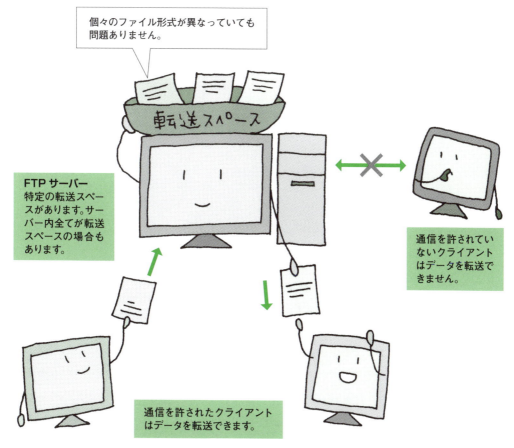

FTPではデータが平文で送信され、セキュリティの問題があります。そのため現在では、データを暗号化して送信する**FTPS**（File Transfer Protocol over SSL/TLS）や**SFTP**（SSH File Transfer Protocol）が推奨されています。

Anonymous FTP
誰でも転送（通常はダウンロードのみ）できるFTPサービスをAnonymous FTPサービスといいます。
Anonymousは「匿名の」という意味です。

遠隔ログイン(1)

「家のコンピュータから会社のコンピュータを操作できたら…」
そんな願いをかなえるサービスが、遠隔ログインです。

遠隔ログイン

離れた場所にある別のコンピュータを操作できるサービスです。相手先のコンピュータに入り込んで操作するので、遠隔ログインといいます。代表的なサービスに、Telnet があります。

Telnet クライアント

Telnet でクライアントとなるのは、telnet コマンドや Tera Term というアプリケーションです。これらのアプリケーションは、基本的に CUI（Character User Interface）環境*で動作します。

①コマンドプロンプトを起動して、Telnet を起動します。引数には、サーバー名を指定します。

②ユーザー ID とパスワードを聞かれるので入力します。認証が成功したら操作できます。

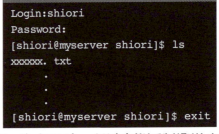

パスワードは画面に表示されませんが、入力されています。

＊CUI では画面に文字だけが表示され、ユーザーとコンピュータは文字だけでやり取りします。

Telnet の概要

Telnet サービスでは、クライアント側のキーボードを使って入力された命令 (コマンド) がサーバーに送られ、そこで処理した結果がクライアントに返されます。サーバーとクライアントのやり取りは、TELNET というプロトコルに基づいて行われます。

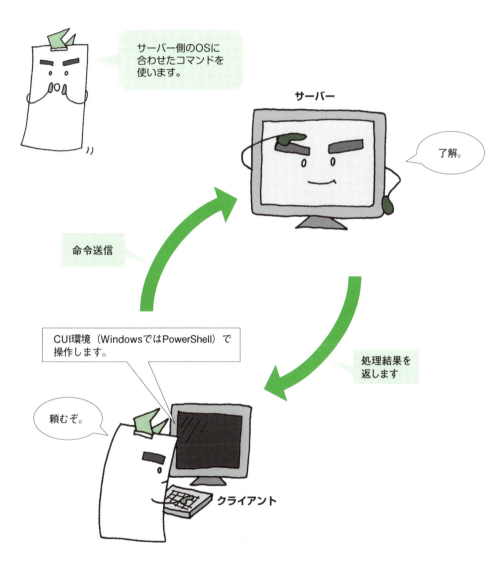

遠隔ログイン（2）

遠隔ログインで利用されるSSHと、遠隔ログインの一種であるリモートデスクトップを紹介します。

SSH（Secure Shell）
セキュアシェル

別のコンピュータにログインする際、通信を暗号化するためのプロトコルです。Telnetには暗号化の仕組みがないため、盗聴されて情報が漏れる危険性があります。

Telnet の場合
コマンドをそのまま流すので、通信の内容が筒抜けです。

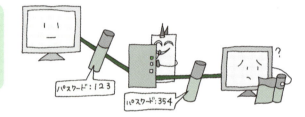

SSH の場合
コマンドを暗号化して流すので、仮に第三者がパケットを盗んでも、簡単には通信の内容を解読できません。

下図はSSHでログインした一例です。

```
[shiori@mail01 ~]$ ls
Maildir
[shiori@mail01 ~]$ pwd
/home/shiori
[shiori@mail01 ~]$
```

デスクトップの共有

ネットワーク上の他のコンピュータのデスクトップ環境にアクセスして、ファイルやアプリケーションを操作する技術です。Windows では**リモートデスクトップ**としてサポートされています。リモートデスクトップ接続を利用するには次のような条件が必要です。

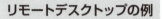
リモートデスクトップの例

- 電源が入っている。
- ネットワークに接続されている。
- リモートデスクトップ機能が有効になっていて、アクセスを許可している。

通信プロトコルは「**RDP**（Remote Desktop Protocol）」を利用する。

キーボードやマウスの操作

操作されるコンピュータ

画面の表示

GUI環境で操作ができます。

他の OS でも同様の機能があります。たとえば、macOS では「画面共有」という機能があります。

遠隔ログイン（2） **35**

ファイル共有

ファイルなどを他のユーザーと共通に使えるようにした状態を「共有」といいます。

🔓 ファイル共有

ファイルやアプリケーションなどを他のユーザーと一緒に使えるようにする通信サービスもあります。このサービスでは、共有したアプリケーションのファイルを別々のコンピュータ上で実行することもできます。

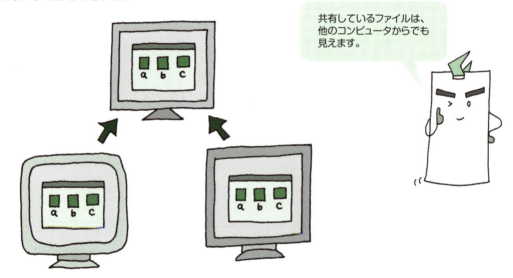

ファイル共有で使われるプロトコルは、OS ごとに異なります。そのため、たとえば、UNIX と Windows 間で共有する場合には、UNIX 側に Samba というアプリケーションが必要です。

ファイル共有の概要

ファイル共有は、クライアントの行った操作をサーバーへリアルタイムに送ることで成り立っています。このサービスで利用される主なプロトコルは、Windowsでは**SMB**（Server Message Block）や**CIFS**（Common Internet File System）、UNIXでは**NFS**（Network File System）です。

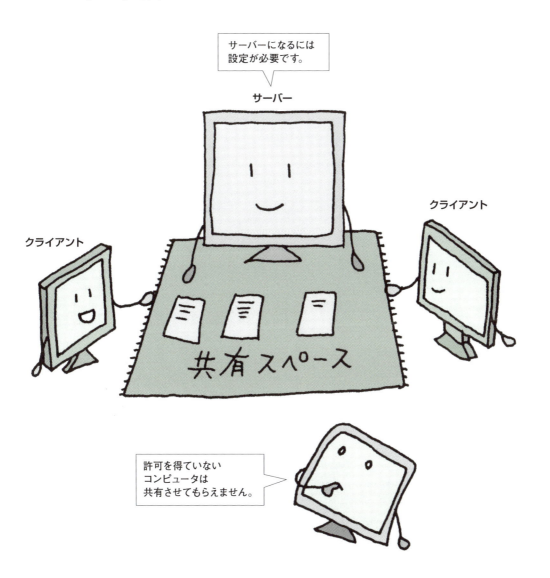

ファイル共有 37

その他のサービス

他にもIP電話やインスタントメッセンジャーなどの通信サービスがあります。

🔓 IP電話

相手の電話番号や音声データをパケット化して伝える技術を **VoIP**（Voice over IP）といいます。この技術を使い、インターネットや独自のネットワークで通信する電話サービスを **IP電話** といいます。

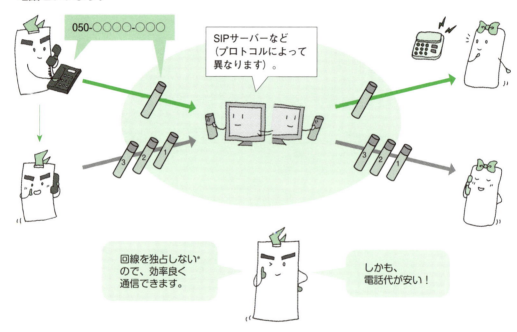

IP電話サービスは、2つの工程から成り立っています。相手にダイヤルして呼び出すまで（緑色矢印の部分）は **SIP**（Session Initiation Protocol）、実際に会話がはじまってから（灰色矢印の部分）は **RTP**（Real-time Transport Protocol）または **RTCP**（RTP Control Protocol）というプロトコルに基づいてやり取りします。

＊一般電話の場合、通話中に1本の回線を独占してしまいます。このような通信方法を回線交換といいます。

🔓 インスタントメッセンジャー（IM）

あらかじめ登録した他のクライアント（メンバー）が通信できる状態かどうかを確認してその状態を表示し、リアルタイムで通信できるサービスです。

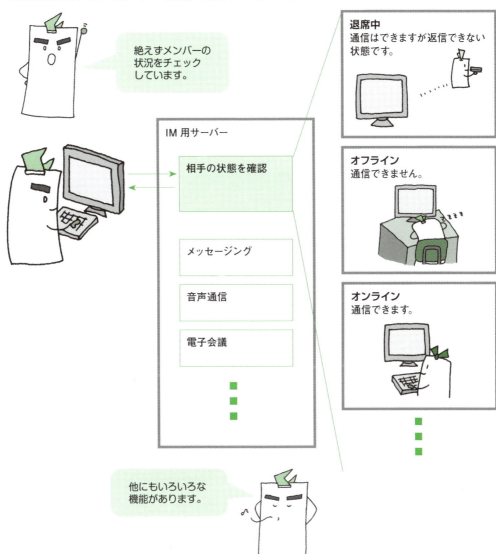

IMでは機能ごとに個別のプロトコルが使われています。主なクライアントにはSkype、LINEなどがありますが、プロトコルが統一されていないため、異なるクライアントどうしでは通信できません。

COLUMN

〜世界初の Web ページ〜

　1989 年に CERN 研究所（スイス・ジュネーブ）の Tim Berners-Lee 博士らによって WWW サービスが提唱され、1990 年に世界初のブラウザ、WWW（のちにこれがサービス名となります）が開発されました。このときのブラウザはまだ白黒で、しかも表示できる Web ページは文字のみのとてもシンプルなものでした。残念ながら、当時の Web ページのソースは残っていないため、世界初のホームページは見ることができません。しかし、世界初の WWW サーバーは、役目を終えた今でも厳重に保管されており、博物館などに展示品として貸し出されることもあるそうです。

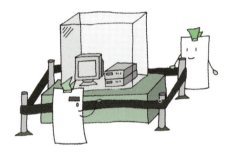

　一方、日本では、1992 年 9 月につくば市の高エネルギー加速器研究機構（KEK）によって最初の Web ページが公開されました。そのとき使用された WWW サーバーは、2000 年 4 月に現役を引退し、現在ではつくば市情報ネットワークセンターで展示されています。

〈日本初の Web ページ〉

KEK Information
Welcome to the KEK WWW server. This server is still in the process of being set up.
If you have question on this KEK Information page, send e-mail to morita@kek.jp.

Help
　　　　　　On this program, or the World-Wide Web .
H E P
　　　　　　World Wide Web service provided by other High-Energy Physics institutes.
KIWI
　　　　　　KEK Integrated Workstation environment Initiative.
Root
　　　　　　WS Manager Support (Root) [EUC].
See also:
　　　　　　Types of server , and OTHER SUBJECTS

※ 現存している html ソースコードを元に再現したものです。

 綿密な打ち合わせ

　ここからは、いよいよ TCP/IP の階層構造に突入です。第 3 章では、TCP/IP の 5 階層の中で最もユーザーに近いところに位置するアプリケーション層を紹介します。

　アプリケーション層の役割を一言で表すなら「通信サービスを実現すること」です。そのために、アプリケーション層には通信サービスにおけるサーバーとクライアントとのやり取りを取り決めた**アプリケーションプロトコル**があります。この章では、アプリケーション層の役割を紹介するとともに、HTTP、SMTP、POP という 3 つのアプリケーションプロトコルに焦点を当ててやり取りの詳細をお見せします。

　第 2 章の「電子メール」で紹介した POP というプロトコルを覚えていますか？　これは、メールサーバーにある自分のメールボックスから電子メールを受け取るためのプロトコルでした。メーラーを使っているユーザーにとっては「メールサーバーに電子メールを要求して、ただそれを受け取るだけ」のように見えます。しかし実際には、そんな単純なやり取りだけで済んでいるわけではありません。ユーザーを確認したり、メールの件数を調べたりなどいろいろなやり取りをしたうえで、電子メールの転送を行います。メーラーの「送受信」ボタンを押してから電子メールが届くまでの一瞬の間にさまざまなやり取りが行われていると思うと、興味深いですね。

　普段はアプリケーションの陰に隠れて見えないけれど、通信サービスはクライアントとサーバーの綿密な打ち合わせのうえに成り立っているということを、この章で実感してください。

プロトコル＋便利な仕組み

　通信サービスの実現に一役買っているのは、プロトコルだけではありません。この章では、プロトコルと組み合わせて使うことでサービスをより便利にしたり、使いやすくしたりする仕組みについても紹介します。
　たとえば、電子メールのプロトコルである SMTP や POP には、次のような原則があります。

①電子メールで扱えるのはテキストデータのみ
②電子メールの件名（Subject）に利用できるのは、半角英数字のみ

　しかし、現実はどうでしょう？　私たちは日常的に、写真画像や音声ファイルなどのバイナリデータを電子メールに添付したり、件名に日本語を使ったりしています。これらを可能にしているのが、**MIME**（Multipurpose Internet Mail Extensions）という仕組みです。MIME は、通常 SMTP や POP では扱えない形式の情報を扱う形に変換して、やり取りできるようにします。MIME が浸透した今では、電子メールの添付ファイルは便利な機能として一般的に利用されており、これにより電子メールの使用用途の幅が広がったことは間違いありません。プロトコルの話からは少し外れますが、関連知識として読んでみてください。
　第 1 章、第 2 章まではほんの準備運動です。TCP/IP の世界はここからはじまります。

アプリケーション層の役割

TCP/IP の最上位に位置する、アプリケーション層の主な役割について紹介します。

アプリケーション層の位置付け

TCP/IP の 5 階層のうち、一番上に位置するのがアプリケーション層です。コンピュータどうしのやり取りを、ユーザーが利用できる「通信サービス」という形にするのがこの層の役割です。

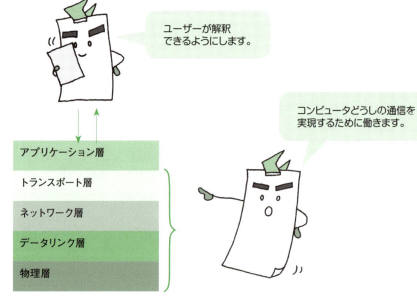

通信サービスの実現

アプリケーション層の役割は、通信サービスを実現することです。そこで、この層は「送信側と受信側」ではなく、「クライアントとサーバー」という概念を持っています。

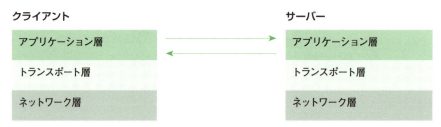

🔓 アプリケーションプロトコル

アプリケーション層には、通信サービスにおけるサーバーとクライアントのやり取りを定めたプロトコルがあります。これを、**アプリケーションプロトコル**といいます。

アプリケーションプロトコルは、「サービスを実現するにはどんなやり取りをすれば効率的か」を考えて作られています。そのため、電子メールや WWW など、サービスの数だけアプリケーションプロトコルが存在しています。

アプリケーション層の役割

アプリケーションヘッダ

サーバーとクライアントのやり取りに必要な情報は、アプリケーションヘッダに書き込まれます。

🔓 アプリケーションヘッダ

アプリケーション層で付加されるヘッダを**アプリケーションヘッダ**といいます。ここには、サービスを実現するために最も重要な「要求と応答」に関する情報が書き込まれます（プロトコルによってはヘッダを使わない場合もあります）。

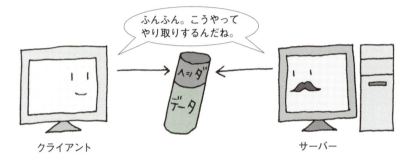

下の層に進むとヘッダとデータがひとくくりにされてしまうため、データがユーザーに解釈できる形になっているのは、この層だけです。

テキストベースとバイナリベース

アプリケーションヘッダに、何をどのように書き込むかは、プロトコルによって異なります。また、人が読める言葉（**テキストベース**）で書かれる場合とコンピュータが処理しやすい言葉（**バイナリベース**）で書かれる場合があります。

テキストベース

```
Received:from xxxxxxxx
Message-ID: xxxxxxx
From: xxxxxxxxxxxxx
To: xxxxxxxxxxxx
Subject: xxxxxxxxxxxxxx
Date: 2018 06 30 13:00:00 ・・・
```

※テキストベースのヘッダは基本的に英数文字のみで書かれます。

テキストベースならユーザーも情報を得ることができます。

バイナリベース

```
★□○◎×★★△□□・・・
×○◎□△△××・・・
☆☆□●●◎▲×□○・・・・・
```

ユーザーには読めませんが、コンピュータの処理は早くなります。

ヘッダだけを送る？

クライアントからサーバーへサービスを要求するときなど、具体的なデータのやり取りがなく連絡を取り合うだけのときは、データ部分が空の状態で送ります。

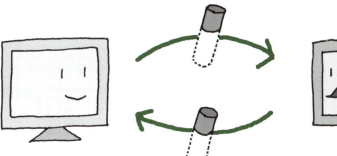

HTTP プロトコル

WWW サービスを支えているプロトコル、HTTP を紹介します。

やり取りの手順

HTTP プロトコルは、1 つの要求に対して 1 つの応答を返す、とてもシンプルなプロトコルです。実際にはページを構成しているファイルの数だけ、この作業を繰り返します。

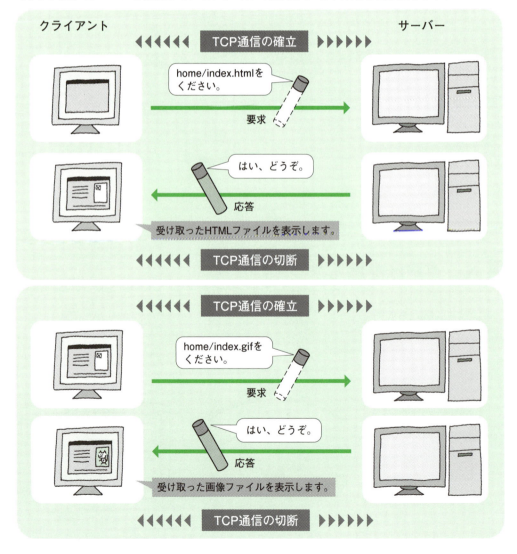

要求パケットと応答パケット

HTTPプロトコルでは、「要求」と「応答」という2種類のパケットを使って、テキスト形式でやり取りを行います。

≫ 要求パケット
クライアントがサーバーに送るパケットです。

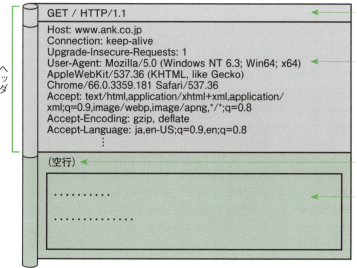

メソッド：要求の種類です。GETの他に、PUTなどがあります。

要求ヘッダ：サーバーへ伝えるクライアントの情報（対応しているファイルの種類や文字コード、言語など）です。項目名と情報は、コロン（:）で区切ります。

空行：ヘッダとボディの境目を示します。

ボディ：要求時に必要なデータが入ります。メソッドがGETの場合は、空になります。

≫ 応答パケット
サーバーがクライアントに送るパケットです。

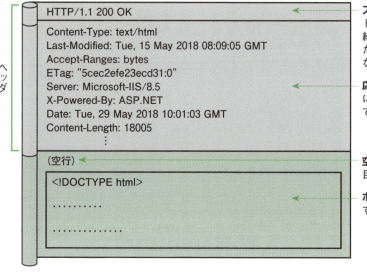

ステータス行：クライアントからの要求に対する処理結果です。正常に処理できたときは200番台の数字になります。

応答ヘッダ：クライアントに渡すデータに関する情報です。

空行：ヘッダとボディの境目を示します。

ボディ：クライアントに渡すデータが入ります。

通信を維持する仕組み（1）

HTTP プロトコルは、接続状態を保ったままやり取りを続けることができません。

🔓 HTTP プロトコルは 1 回完結

HTTP プロトコルは、もともと「要求されたデータを返すこと」だけを目的に作られました。そのため、1 回の要求と応答で通信は完結し、過去に行った通信と関連付けられることはありません。

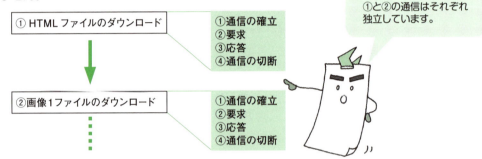

このような 1 回完結のプロトコルを**ステートレスプロトコル**といいます。最近では、ネットショッピングなど、ステートレスでは対応しきれないサービスも増えてきています。

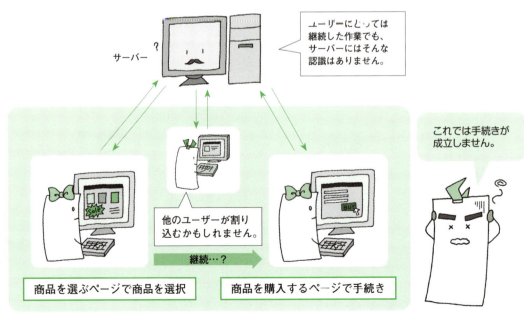

クッキー（Cookie）

HTTPプロトコルのやり取りに関する情報をクライアント側に保存しておくとどうでしょう。次回の通信時にその情報をサーバーに提示すれば、サーバーはユーザーを特定し、前回からの続きの通信として扱えます。このときやり取りされる情報を**クッキー**といいます。

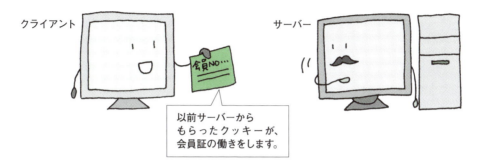

クッキーは、HTTPプロトコルの正規の仕組みではありません。クッキーは、普通は**CGI**（Common Gateway Interface）などクライアントからの要求に応じてWebページを作成する仕組みと組み合わせて使います。

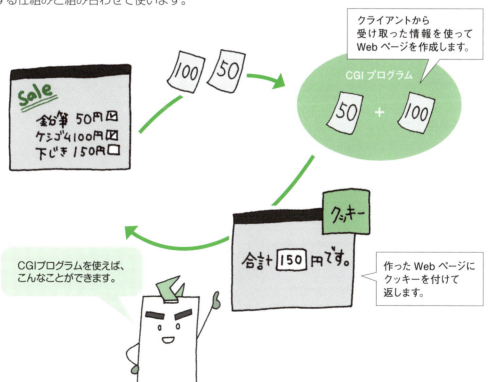

通信を維持する仕組み（2）

CGI を使ったクッキーのやり取りを紹介します。

CGI を使うとココが違う

通常の Web ページのやり取りと、CGI を使った Web ページのやり取りでは、どのように違うのでしょうか。

〈通常の Web ページの場合〉
サーバーが応答パケットを用意します。

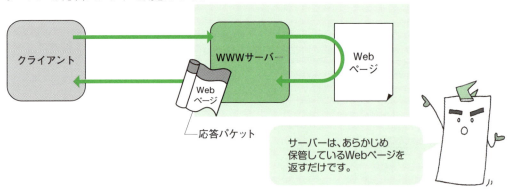

〈CGI を使った場合〉
サーバーからの要求を受けて、CGI プログラムが応答パケットを用意します。このとき、クッキーを利用する場合は、ヘッダ部分にクッキーと「クライアントにクッキーを保存させるためのコマンド」を書き込みます。

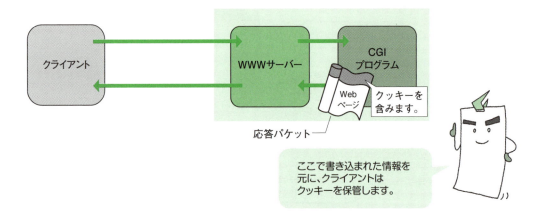

クッキーのやり取り

クライアントとサーバーの間で、クッキーがどのようにやり取りされているかを見てみましょう。

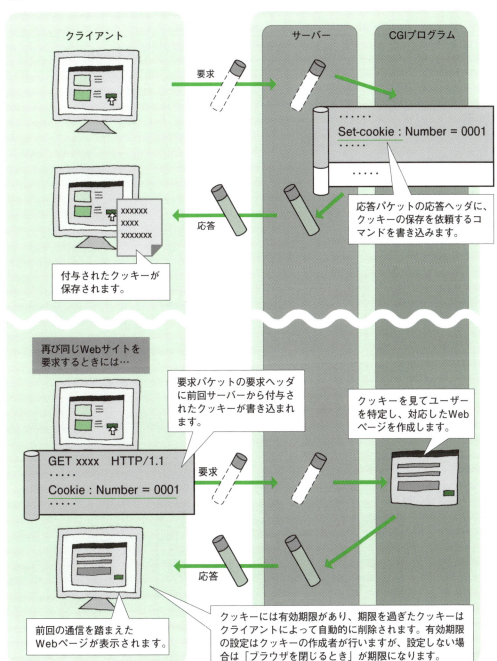

SSL/TLS

SSL/TLSを利用すると、インターネット上でやり取りされるデータの安全性を高めることができます。

SSL (Secure Sockets Layer) とTLS (Transport Layer Security)

SSLは、インターネット上でデータの通信を暗号化するためのプロトコルです。SSLをもとに標準化したものがTLSです。SSLという名称が普及しているためSSL/TLSと併記されることも多いです。

> SSL3.0の次のバージョンからTLS1.0という名前になりました。

≫確認方法

ブラウザで表示したWebページがSSL/TLSで保護されているかどうかは、次のようにして確認できます。

> 一般的なブラウザでは、アドレスバーなどに鍵マークが表示されます。

> URLが「http」ではなく、「https」からはじまります（「s」は「Secure」を表します）。

> HTTPSでは、HTTPとは異なるポートを使用します（通常は443）。

SSL/TLSの仕組み

ショッピングサイトなどで多く使われている、SSL/TLSの仕組みを見てみましょう。通信者どうしがどうやって同じ鍵を安全に共有するかがポイントです。

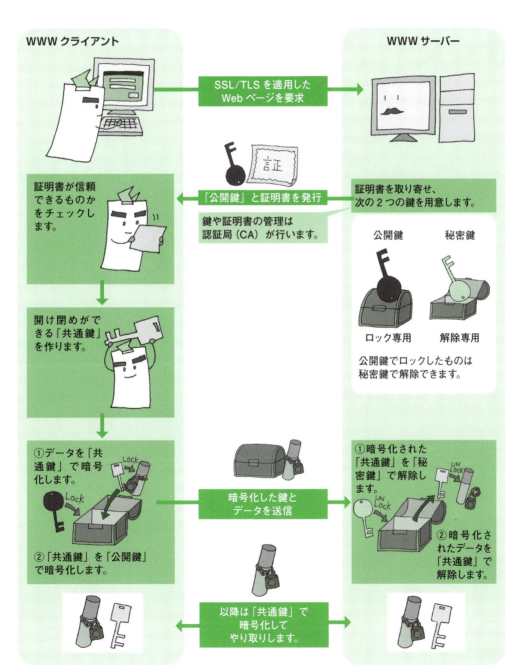

電子メールのやり取り

電子メールサービスの仕組みを知る前に、やり取りされる情報について紹介します。

🔓 メール

メーラーを使って作成したメールは、実際には次のようなテキストデータとして送信されます。

差出人	shiori@ank.co.jp
宛先	shiori-j@shoeisha.co.jp
件名	Good Morning

メール本文（ボディ）

おはよう

表示される項目は、メーラーによって異なります。

エンベロープ
差出人と宛先のアドレスなどが入ります。SMTPで使用します。

→ MAIL FROM:<shiori@ank.co.jp>
　RCPT TO:<shiori-j@shoeisha.co.jp>

メールヘッダ
サーバーへ伝えるクライアントの情報が入ります。項目名と情報は、コロン（:）で区切ります。中継したメールサーバーは、Receivedなどの項目を、必要に応じて書き加えます。

→ From:shiori@ank.co.jp
　To:shiori-J@shoeisha.co.jp
　Subject:Good Morning
　Date:Mon, 25 Jun 2018 12:00:00 GMT
　・・・・

空行でヘッダとメッセージの境界を示します。 → （空行）

メール本文 → おはよう

メッセージ終了の印は、「改行＋ピリオド（.）」です。 → .

メッセージ

56　第3章／アプリケーション層

コマンドとレスポンス

左ページのメールを届けるために、クライアントとサーバーは細かい連絡を取り合います。このとき、クライアントからサーバーへの呼びかけを**コマンド**、サーバーからクライアントへの呼びかけを**レスポンス**といいます。

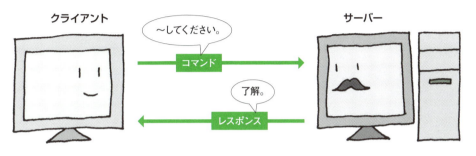

また、コマンドとレスポンスは、「ヘッダ＋データ」という形をとらずに単独でトランスポート層に渡されます。

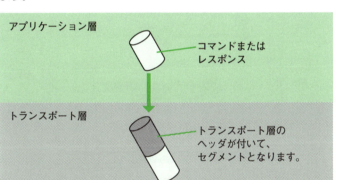

次のページから、電子メールサービスで主に使われるプロトコル、SMTPとPOPの具体的なやり取りをのぞいてみましょう。

> **その他のプロトコル**
> この他にも電子メールサービスを実現するプロトコルがあります。
> - **APOP（Authenticated Post Office Protocol）：**
>   POPのユーザー認証の際にパスワードを暗号化するプロトコルです。
> - **IMAP4（Internet Message Access Protocol）：**
>   SMTPとPOPの機能を併せ持つプロトコルです。メールをサーバー上で管理するのが特徴で、「どこからでもメールが読める」「メールのサイズが大きくても、クライアントに負荷がかからない」というメリットがあります。

SMTP プロトコル

メールを宛先のメールサーバーまで転送する SMTP プロトコルを紹介します。

🔓 SMTP プロトコルの手順

SMTP プロトコルでは、コマンドは「4文字のアルファベット」、レスポンスは「3桁の数字」で表します。

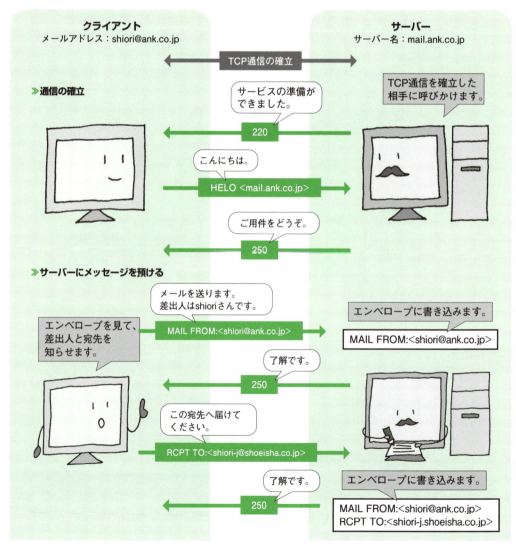

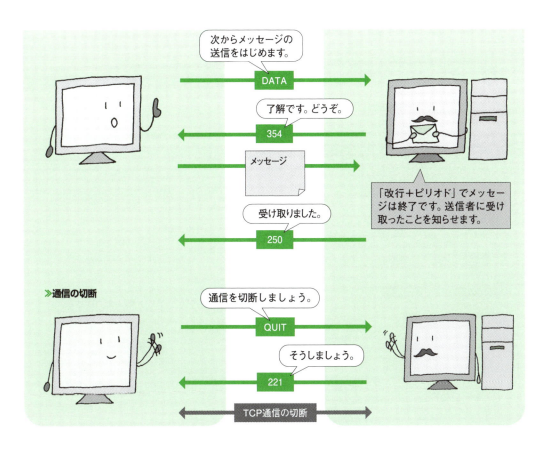

サーバー間でメールを転送する場合、メールを送る側がクライアント、受け取る側がサーバーになります。

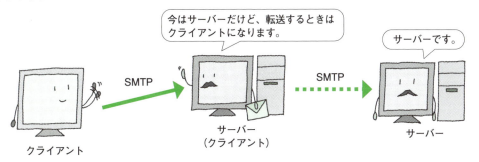

> **» MTA/MUA**
> 電子メールサービスでは、メールサーバーに相当するプログラムを MTA (Mail Transfer Agent)、メールクライアントに相当するプログラムを MUA (Mail User Agent) といいます。

SMTP プロトコル　**59**

POPプロトコル

メールサーバーから自分宛ての電子メールを受け取るときに使うのがPOPプロトコルです。現在はPOP3（version 3）が主流です。

POP3プロトコルの手順

POP3プロトコルでは、コマンドは原則として「4文字のアルファベット」、レスポンスは「＋OK」か「－ERR」で表します。

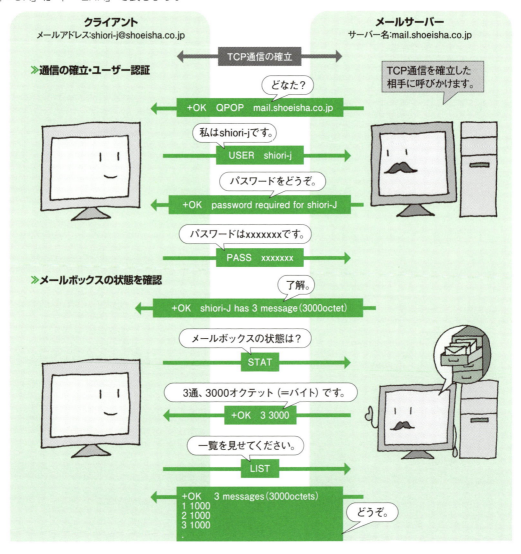

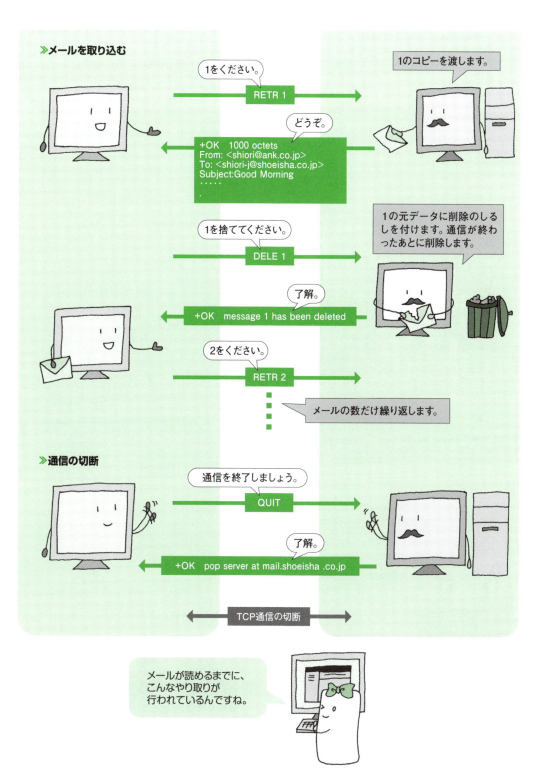

文字コード

多くの通信サービスでは、やり取りする情報に「文字」を含んでいます。しかし、文字そのものがやり取りされているわけではありません。

🔓 文字コード

コンピュータ内では、文字コードと呼ばれる特殊な数値を使って文字を表します。電子メールのように文字をやり取りする通信サービスでは、文字そのものではなく、文字コードをやり取りしています。

🔓 エンコードとデコード

一般に、人間のわかる言葉をコンピュータ用の言葉（文字コード）に変換することを**エンコード**、コンピュータ用の言葉を再び人間のわかる言葉に直すことを**デコード**といいます。

送信側では、エンコードしてからデータを送ります。

受信側では、受け取ったデータをデコードします。

62　第3章／アプリケーション層

US-ASCII

下の表は、多くの通信サービスで使われている文字コードで、**US-ASCII** といいます。7 ビットを使って、128 種類の文字（ローマ字、数字、記号、制御文字）を表します。

上位3ビット→ ↓下位4ビット	0	1	2	3	4	5	6	7
0	NUL	DLF	SP	0	@	P	`	p
1	SOH	DC1	!	1	A	Q	a	q
2	STX	DC2	"	2	B	R	b	r
3	ETX	DC3	#	3	C	S	c	s
4	EOT	DC4	$	4	D	T	d	t
5	ENQ	NAK	%	5	E	U	e	u
6	ACK	SYN	&	6	F	V	f	v
7	BEL	ETB	'	7	G	W	g	w
8	BS	CAN	(	8	H	X	h	x
9	HT	EM	)	9	I	Y	i	y
a	LF/NL	SUB	*	:	J	Z	j	z
b	VT	ESC	+	;	K	[	k	{
c	FF	FS	,	<	L	\	l	|
d	CR	GS	-	=	M	]	m	}
e	SO	RS	.	>	N	^	n	~
f	SI	US	/	?	O	_	o	DEL

制御文字
改行やタブなど、特殊な役割を持った文字列です。

実際には、1文字を 7+1（拡張ぶん）ビットで表します。

通信サービスで利用される日本語の文字コードには、JIS コードや UTF-8 があります。JIS コードは US-ASCII と同様に 7 ビットで構成されています。UTF-8 は ASCII コードの部分を 1 バイト、それ以外の部分を 2〜6 バイトで表します。

JISコードの正式名称は、「ISO-2022-JP」です。

MIME

電子メールで、件名（Subject）に日本語を使ったり、ファイルを添付したりできるのは MIME があるからです。

電子メールの制約

普段、何気なく使っている電子メールですが、実は次のような制約があります。

■件名（Subject）に日本語が使えない

電子メールのヘッダで使える文字コードは US-ASCII だけです。ヘッダに書き込まれる情報のひとつである「件名（Subject）」にも、US-ASCII で表せる文字しか使えません。

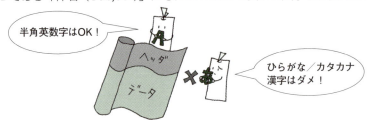

■テキスト（文字）しか送れない

電子メールではテキストしか送れません。

現在ではこれらの制約にとらわれずに、件名に日本語を使ったり、添付ファイルという形でテキスト以外のデータを送信したりすることができます。これを可能にした仕組みのひとつが、MIME です。

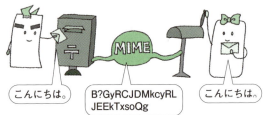

MIME

MIMEは、決められた原則に従ってファイルを US-ASCII の文字列にエンコードし、どのようにエンコードしたかという情報を添付して宛先に送ることで、受け取った側が正しい方法でデコードできるようにする仕組みです。

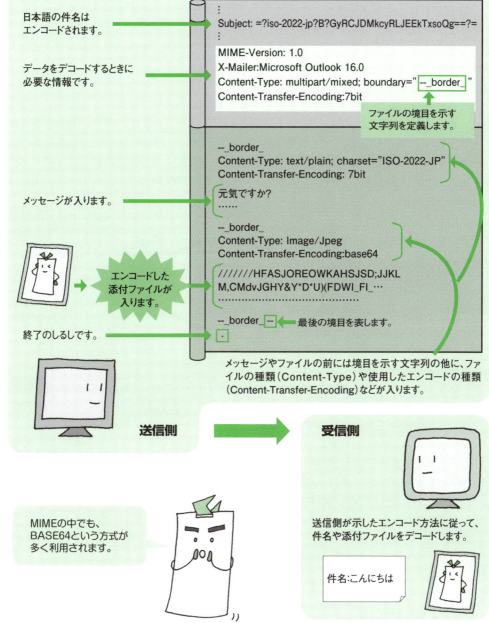

COLUMN

～裏方アプリケーションプロトコル～

　アプリケーションプロトコルは大きく2つに分けられます。ひとつはHTTPやSMTP、TELNETなどといった一般ユーザーにもなじみの深い通信サービスを提供するプロトコル、もうひとつはDNSやNAT、DHCPといったネットワーク管理者以外にはあまり意識されることのない、裏で通信を支えるためのプロトコルです。ここでは、裏方のアプリケーションプロトコルをいくつか紹介しましょう。

SNMP（Simple Network Management Protocol）：
　ネットワークの一括管理を行うプロトコルです。接続されているネットワーク機器の電源の状態やトラブルが起こっていないかを確認できるだけでなく、プリンタのトナーの有無まで調べてくれます。管理する機器をSNMPマネージャー、管理される機器をSNMPエージェントといい、それぞれ専用のソフトウェアをインストールする必要があります。

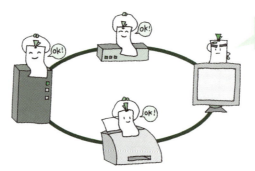

マネージャーが自動で管理を行います。

NTP（Network Time Protocol）：
　ネットワーク上にある機器の時刻合わせを行うプロトコルです。基準となる時刻情報を管理／提供する機器をNTPサーバー（またはタイムサーバー）といい、NTPサーバーから時刻情報を得て同期をとる機器をNTPクライアントといいます。NTPサーバーから時刻情報を得るには、専用のソフトウェアが必要です。時刻同期のプロトコルには他に、NTPを簡略化したSNTP（Simple Network Time Protocol）もあります。

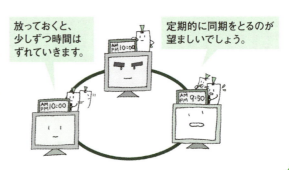

放っておくと、少しずつ時間はずれていきます。

定期的に同期をとるのが望ましいでしょう。

4 トランスポート層

荷物の届け先

　アプリケーション層の役割が、「サービスを実現すること」であるのに対し、これから紹介する以下の層の役割は「通信を実現すること」になります。第4章では、アプリケーション層のすぐ下に位置する、トランスポート層について見ていきましょう。

　英語の transport には、「運ぶ／輸送する」といった意味があります。このことからも想像できるように、トランスポート層の役割は「データを相手に届けること」です。ただし、「相手のコンピュータに届けばそれで OK」というわけではありません。「相手のアプリケーション層にあるどのプロトコルに渡すか」まで責任を持って受け持ちます。

　第3章で紹介したとおり、アプリケーション層にはサービスの数だけプロトコルが存在します。その中から目的のプロトコルを特定するために、**ポート**という仕組みを使います。ポートとは、アプリケーション層に設けられた出入り口のことで、それぞれを個別のプロトコルへの玄関口とすることができます。ポートには**ポート番号**という固有の数字が割り振られているので、これを使って「どのプロトコルに渡すか」を特定するのです。ポートが複数ある理由としては、「プロトコルを識別できる」という他に、「異なる通信サービスを同時に利用できる」ということも挙げられます。

TCP と UDP

　さて、「相手に届ける」という目的を達成するために、トランスポート層には性質の異なる2つのプロトコルがあります。
　その1つが **TCP**（Transmission Control Protocol）です。TCPは、「データを安全／確実に届けること」をモットーとしたプロトコルで、データが途中で破損したり、何らかの事情で相手に届かなかったときなどには再送する働きがあります。そのため、データの正確さが問われる電子メールサービスやWWWサービスなどで利用されます。
　もう1つが、**UDP**（User Datagram Protocol）です。UDPは、「データを素早く届けること」をモットーにしているため、相手にどんどんデータを送り付けるだけで、そのあとのフォローはしません。………と聞くと、「データは安全に届くに越したことはない、何でUDPがあるの？」と疑問に思う人もいるでしょう。UDPが重宝されるのは、リアルタイム性が問われるIP電話やストリーミング配信などです。これらのサービスでは、途中で音や映像が少し乱れたからといって再送を待つわけにはいきません。ブロードバンドの登場によって、音楽や映像のライブ配信やテレビ電話などが盛んに行われるようになりましたが、これらのサービスは全て、UDPの上に成り立っているのです。
　さらに深い層に潜る準備はできましたか？　第4章からは、いよいよTCP/IP通信の核心に迫ります。

1
TCP/IPの概要

2
通信サービスとプロトコル

3
アプリケーション層

4
トランスポート層

5
ネットワーク層

6
データリンク層と物理層

7
ルーティング

8
セキュリティ

9
付録

ここが Key!　69

トランスポート層の役割

トランスポート層の役割と、主なプロトコルを紹介します。

トランスポート層の位置付け

トランスポート層は、アプリケーション層とネットワーク層の橋渡しをします。

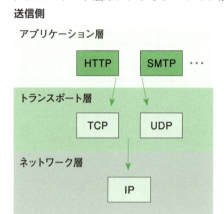
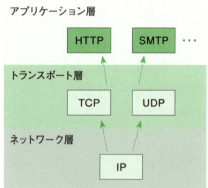

どのプロトコルに渡すかも決めておかないとね。

相手に届ける

データはいつも確実に届くとは限りませんので、問題が起こったときには何らかの対処が必要になります。このとき、通信サービスに合った方法で対応するのがトランスポート層の役割です。

信頼性を取るか、速度を取るか

トランスポート層には、**TCP**（Transmission Control Protocol）と **UDP**（User Datagram Protocol）という2つのプロトコルがあります。TCPは信頼性を、UDPは速度を重視したプロトコルです。

アプリケーションの玄関

目的のアプリケーションプロトコルに確実にデータを渡せるように、それぞれに個別の玄関口を用意しています。

アプリケーション層の出入り口

アプリケーション層には、アプリケーションプロトコルごとにデータの出入り口が用意されています。この出入り口を**ポート**といい、各ポートには**ポート番号**が振られています。通信を行うときには、ポート番号を使って行き先を指定します。

受信側では、TCPヘッダに書き込まれたポート番号を見て、受け渡すアプリケーションプロトコルを判断します。

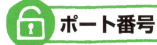
ポート番号

ポート番号は、0〜65535番まであります。このうち、0〜1023番までは通信サービスごとにあらかじめ予約されており、**ウェルノウン・ポート番号**といいます。この本で紹介している主なサービスのウェルノウン・ポート番号は次のとおりです。

サービス	アプリケーション層のプロトコル	ポート番号	トランスポート層のプロトコル
WWW	HTTP	80	TCP/UDP
WWW（セキュリティ付き）	HTTPS	443	TCP/UDP
電子メール（送信）	SMTP	25	TCP/UDP
電子メール（受信）	POP3	110	TCP/UDP
電子メール（認証付き送信）	SMTP	587	TCP
ファイル転送	FTP	20／21	TCP/UDP
遠隔ログイン	TELNET	23	TCP/UDP
遠隔ログイン（セキュリティ付き）	SSH	22	TCP/UDP
ネットニュース	NNTP	119	TCP/UDP
ネットワーク管理 DNS	DNS	53	TCP/UDP
ネットワーク管理 DHCP	DHCP	546／547	UDP
ネットワーク管理 SNMP	SNMP	161／162	UDP

ポート番号は、ユーザーが独自に設定することもできます。ただし、その場合は通信するコンピュータ間で、どのポート番号を使うかについての認識が統一されていなければなりません。

アプリケーションの玄関

TCP プロトコル

TCP はデータ配信の信頼性を重視したプロトコルです。

1 対 1 の通信

TCP は、データを確実に届けるために、受信側と 1 対 1 で通信を行います。このような通信を**コネクション型通信**といい、おおまかには次の 3 ステップから成り立っています。

① 受信側がデータを受け取れる状態かどうかを確認してから通信を開始します。これを「通信を確立する」といいます。

② データを決められた大きさに分割し、TCP ヘッダを付けて順番に送信します。

受信側は届いたデータをチェックします。

トランスポート層で扱うデータの単位を**セグメント**といいます。

③ データを送り終わったら、通信を終了します。

受信側との連絡を密に取ることで、データ送信の確実性を高めます。

アプリケーション層に渡す

受信側は、受け取ったデータを元の形に組みなおしてからアプリケーション層に渡します。

① **TCP ヘッダの情報を見て、データを順番どおりにします。**

データの順番を示す番号の他、ポート番号やデータの無事を確認するための値などが書かれています。

② **TCP ヘッダを取って、データを組みなおします。**

③ **アプリケーション層のプロトコルに渡します。**

どのプロトコルに渡すかは、ポート番号を見て判断します。

TCP プロトコル　75

確実に届けるために（1）

TCPでは、確実なやり取りをするために、通信状況について連絡を取り合います。

連絡方法

通信相手に通信状況を伝える手段として使われるのが、TCPヘッダにある6ビットの**コントロールフラグ**です。相手に伝えたい項目は「1」にします（そうでない場合は0にします）。

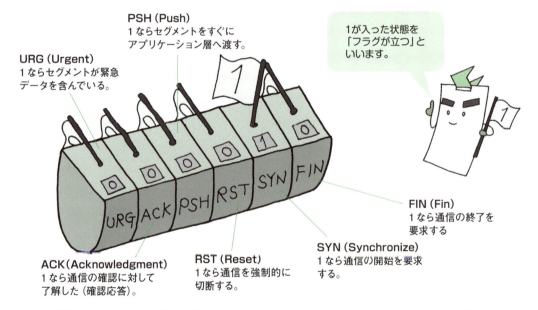

通信の世界では一般に、相手と確認しながらやり取りすることを**ハンドシェイク**（握手）といいます。TCPでは通信を開始するときに次のようなやり取りがあり、これを**3ウェイハンドシェイク**といいます。

≫ データ量の確認

実際の通信をはじめる前に、両者が扱えるデータ量を確認します。

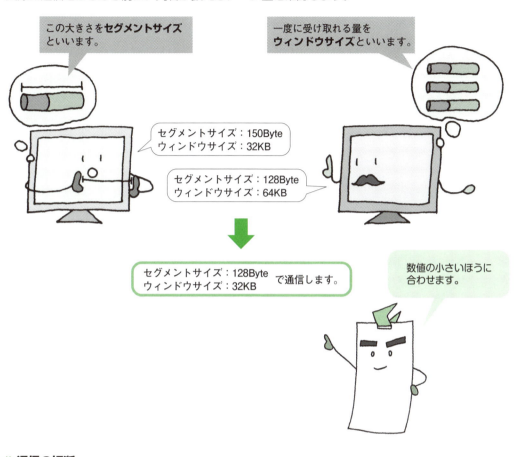

≫ 通信の切断

通信を切断するときも、TCPヘッダのコントロールフラグを利用して連絡を取り合います。

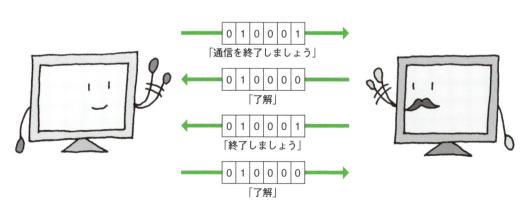

確実に届けるために（2）

データが無事に届いたかどうか、ひとつひとつ確認し合うのも、TCP の特徴です。

やり取りの流れ

TCP ヘッダには、データの順番を示す番号（**シーケンス番号**）が書き込まれています。データを確実に受け取るために、この番号を使って次のようなやり取りを行います。

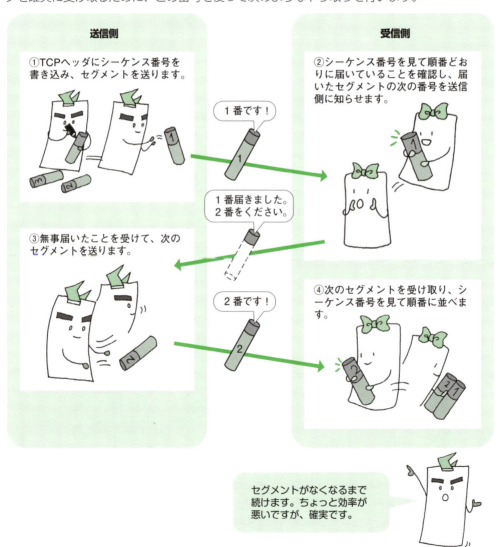

🔓 まとめて送る

セグメントをひとつずつ送るよりも、いくつかまとめて送ったほうが効率的です。通信をはじめるときに決めたウィンドウサイズまでなら、確認応答を待たないでまとめて送ることができます。

≫ ウィンドウサイズの変更

ウィンドウサイズは、通信の途中で変更できます。そのため、ネットワークが空いているときは大きくし、混んでいるときは小さくするなど、状況に応じて調節できます。

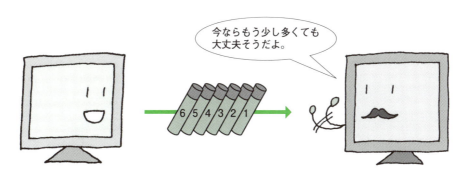

問題があったときの処理

TCPには、「送受信中に問題が発生したらセグメントを再送する」という約束があります。

 ## 確認応答がないときに再送する

一定時間待っても確認応答がないときは、理由にかかわらず、送信側はセグメントを再送します。

≫ セグメントの遅延／消失
送信の途中でセグメントが行方不明になってしまうことがあります。セグメントが届かなければ、受信側は確認応答を送れません。

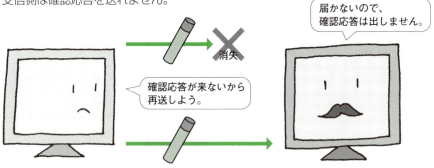

≫ 確認応答の遅延／消失
確認応答そのものがネットワーク上で行方不明になることも考えられます。

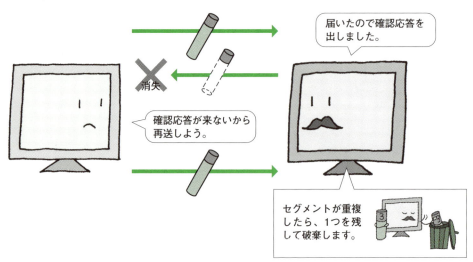

≫ データの破損

送信の途中でデータが壊れてしまった場合、受信側ではそのデータを破棄し、確認応答は送りません。壊れているかどうかは、ヘッダにあるチェックサムという値を使って判断します。

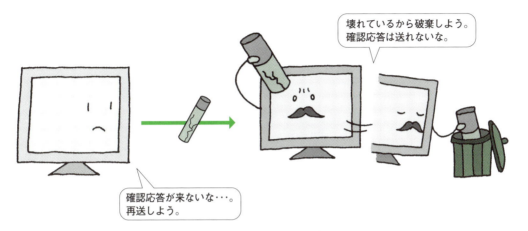

再送回数は無限？

一定回数以上再送しても確認応答が返ってこない場合には、送信側が強制的に通信を切断します。通信を切断するときは、TCP ヘッダのコントロールフラグ「RST」を1にします。

問題があったときの処理　81

届いた先で

受信側での処理と、TCPヘッダの中身を紹介します。

アプリケーション層に渡す

受信側では、TCPヘッダに書き込まれたポート番号を見て、指定されたアプリケーションプロトコルにデータを渡します。データが1つのセグメントに収まっているときはヘッダを外して渡すだけですが、2つ以上に分割されているときは、組み立ててから渡します。

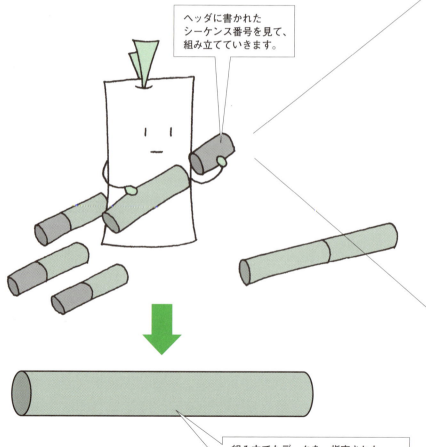

ヘッダに書かれたシーケンス番号を見て、組み立てていきます。

組み立てたデータを、指定されたアプリケーションプロトコルに渡せば、TCPの仕事は完了です。

≫ TCPヘッダ

TCPヘッダは、次のような順序と大きさで書き込むように決められています。ビット列なので数字は2進法で表されます。色が濃い部分は、受信側が書き込むところです。

①送信側ポート番号（16ビット） 送信側のポート番号を書き込みます。 例）80→0000 0000 0101 0000	②受信側ポート番号（16ビット） 受信側のポート番号を書き込みます。 例）80→0000 0000 0101 0000
③シーケンス番号（32ビット） 全データのうち、このデータが何番目（何バイト目）にあたるかを書き込みます。	
④確認応答番号（32ビット） 次にもらうデータが、全データのうち、何番目（何バイト目）のデータなのかを書き込みます。	

⑤データオフセット（4ビット）*1	⑥予約（6ビット）現在は使われていません。	⑦コントロールフラグ（6ビット） URG/ACK/PSH/RST/SYN/FIN	⑧ウィンドウサイズ（16ビット） 受信可能なデータサイズを書き込みます。

⑨チェックサム（16ビット） データが無事かどうかを確認するための値を書き込みます。	⑩緊急ポインタ（16ビット） URGフラグが1のときに使います。
⑪オプション TCPの機能を拡張するときに使います（セグメントサイズを決めるときなど）。	⑫パディング ヘッダが32ビットの整数倍にならないときに0を付け足して、ヘッダの大きさを調整します。

*1 先頭からデータの開始位置までのビット数を32で割った値が入ります。

1 TCP/IPの概要

2 通信サービスとプロトコル

3 アプリケーション層

4 トランスポート層

5 ネットワーク層

6 データリンク層と物理層

7 ルーティング

8 セキュリティ

9 付録

届いた先で 83

UDP プロトコル

安全第一の TCP に対して、通信の速さを重視したプロトコルが UDP です。

打ち合わせをしない

UDP では、事前の打ち合わせをしないで一方的にデータを送り付けます。このような通信を**コネクションレス型通信**といいます。

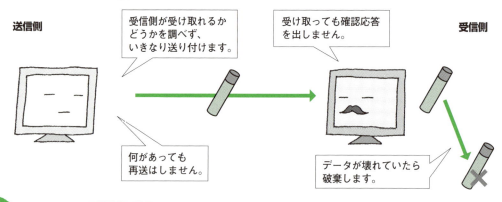

複数の相手へ同時に送る

UDP では、複数の相手へ同時にデータを送信できます。特定の複数人に送ることを**マルチキャスト**、不特定多数に送ることを**ブロードキャスト**といいます。

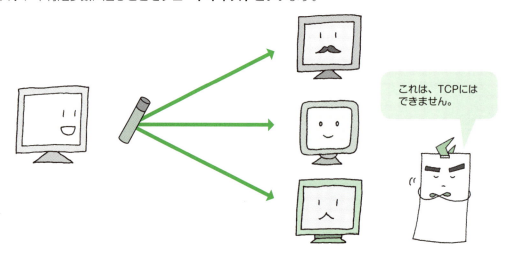

UDPの仕事

UDPでやることは、次の2つだけです。これ以外の仕組みが必要な場合は、アプリケーション層のプロトコルで対応します。

①データが壊れていないか確認し、壊れていたら破棄する。
② UDPヘッダを外して、指定されたアプリケーションプロトコルに渡す。

①**送信側ポート番号（16ビット）** 送信側のポート番号を書き込みます。指定しない場合は全て0にします。	②**受信側ポート番号（16ビット）** 受信側のポート番号を書き込みます。 例）80→0000 0000 0101 0000
③**データ長（16ビット）** ヘッダとデータの合計が何バイトかを書き込みます。	④**チェックサム（16ビット）** データが無事かどうかを確認するための値を書き込みます。

データ

UDPは、データの確実性よりもリアルタイム性が重要になる通信や、データが小さいネットワーク管理の通信などで使われます。

UDPプロトコル

netstat コマンド

通信状態を調べる netstat コマンドで、
あなたのパソコンの接続状況をのぞいてみましょう。

netstat コマンド

netstat は、通信に関する情報を表示するコマンドです。PowerShell などの CUI 環境から「netstat」と入力して、[Enter] キーを押すと、現在確立している通信の情報が表示できます。ここでは、Windows の PowerShell を例に紹介します。

PowerShellの起動方法は、「はじめる前に」を参照してください。

》結果

プロトコルからはじまる行は項目名で、その次の行以降が結果になります。OS によって表示される項目が異なることがあります（下は Windows の場合）。

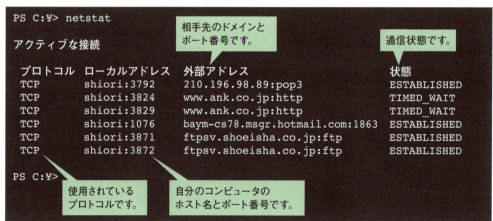

結果はこのようになります。

※ 上記の結果は一例です。

86　第4章／トランスポート層

≫ 全ての情報を表示する

「netstat」だけでは、そもそも通信の確立を行わない UDP の情報は見られません。全ての情報を見るには、「netstat」のあとに「 -a」と入力しましょう（Linux、UNIX も同じです）。コマンドのあとに書く文字を**オプション**といいます。

半角スペースで区切ります。

```
PS C:¥> netstat -a

アクティブな接続

  プロトコル    ローカルアドレス    外部アドレス                  状態
  TCP         shiori:3999        210.196.98.89:pop3           ESTABLISHED
  TCP         shiori:4132        ftpsv.shoeisha.co.jp:ftp     ESTABLISHED
  TCP         shiori:3829        www.ank.co.jp:http           ESTABLISHED
  TCP         shiori:3792        210.196.98.89:pop3           TIMED_WAIT
  UDP         shiori:1026        *:*
  UDP         shiori:4008        *:*

PS C:¥>
```

※ 上記の結果は一例です。

≫ 表示項目一覧（Windows の場合）

項目名	意味
プロトコル	使用されているプロトコルを示しています。
ローカルアドレス	自分が使っているコンピュータのホスト名と「：（コロン）」のあとにポート番号を表示します。ホスト名の部分は、コンピュータで処理されるときの番号（IP アドレス）で示されることもあります。ウェルノウン・ポート番号は、そのサービスのキーワードで示されます。また、通信が確立されていないときは、＊と表示されます。
外部アドレス	接続先のコンピュータのホスト名（または IP アドレス）とポート番号を表示します。表示方法などは、ローカルアドレスと同じです。
状態	通信の状態を示します。ESTABLISHED は通信が確立していることを示します。

netstat コマンド 87

COLUMN

～NetBEUI（ネットビューイ）の歴史～

　現在のように TCP/IP が主流になる以前、Windows で利用されていた通信プロトコルに NetBEUI があります。

　NetBEUI は「NetBIOS Extended User Interface」の略で、1980 年台前半に IBM 社が開発した通信プロトコル群です。もともと IBM 社の PC では、ネットワークカードを制御するための API（Application Programming Interface、アプリケーションの機能を利用するためのインターフェースのこと）として NetBIOS（Network Basic Input/Output System の意）が利用されており、NetBEUI はこの NetBIOS を拡張して作られました。マイクロソフト社、3COM 社が共同で開発したネットワーク OS である LAN Manager に採用され、その後の歴代の Windows OS でも標準的に利用されて広く普及します。Windows ネットワークにおいては、ファイルやプリンタの共有サービスで使われていました。

　NetBEUI では、通信相手の識別はコンピュータの名前（NetBIOS 名）で行います。通信する際、まず相手の NetBIOS 名をブロードキャスト（P.84）し、そのリクエストを受け取った当該のコンピュータが自分の MAC アドレス（P.124）を返します。そしてこの MAC アドレスをもとに、やり取りを行うという仕組みです。TCP/IP のようにアドレスなどを割り振っておく必要がなく、設定や管理も簡単なので、小規模な LAN 向けです。ですが、通信相手の特定にブロードキャストを多用するため、コンピュータの台数が増えるとトラフィック（転送されるデータ量）が増大しやすくなるという欠点があります。また、ルーティング機能を持たないので、ルーターでつながる大規模な LAN やインターネットでは利用できませんでした。

　こうした問題を解決するために考えだされたのが、NetBIOS over TCP/IP（NBT）というプロトコルです。NetBIOS API の下位プロトコルに TCP/IP を利用することで、名前のとおり TCP/IP の上で NetBIOS を使えるようにしたものです。NBT では、あらかじめ NetBIOS 名と各コンピュータに割り当てられた IP アドレスとを対応付け、その IP アドレスをもとにやり取りを行います。通信の基本的なモデルは NetBEUI と変わりませんが、TCP/IP の持つルーティング機能を使ってインターネットや大規模なネットワークにも対応できるようになりました。

　一方の NetBEUI ですが、インターネットが普及し TCP/IP（NBT）が主流になると、NetBEUI のみでネットワークを構築するメリットがなくなります。Windows XP（2001 年発売）でサポートから外されて標準ではインストールされなくなり、さらに Windows 7（2009 年発売）では、NetBEUI への対応自体が廃止されました。

5

ネットワーク層

コンピュータの住所

　第5章では、TCP/IPの5階層のちょうど真ん中に位置するネットワーク層を紹介します。この層はインターネット層とも呼ばれており、複数のネットワークを越えて宛先のコンピュータにデータを届ける役割を担っています。

　ネットワーク層では、役割の中心となるプロトコルがひとつしかありません。それが、**IP**（Internet Protocol）です。IPには、従来から利用されているIPv4と比較的新しいIPv6とがあり、現時点では混在して用いられている状況です。本書では主にIPv4を例として解説を進めますが、IPv6への移行が進められていることも覚えておきましょう。IPの通信では、宛先の機器を特定するためにIPアドレスと呼ばれる固有の数字を使います。現在広く利用されているIP(IPv4)ではIPアドレスを32ビットで表します。通常はそれを8ビットごとにピリオドで区切り、10進数にして「192.168.15.10」というように表記します。手紙を書くときには封筒に宛先の住所を書くように、ネットワーク層ではヘッダにIPアドレスを書き込むわけです。

　IPアドレスは、住所でいう「町名」までにあたる「ネットワーク部」と、「番地」にあたる「ホスト部」からなっています。しかし、一見しただけではどこまでがネットワーク部でどこからがホスト部かということはわかりません。そこで、両者の境目を示すために**サブネットマスク**という仕組みを使います。本編では、サブネットマスクについても解説していきます。

IPは信用できるの？

　IPは、コネクションレス型のプロトコルです。トランスポート層でいえばUDPと同じで、「とにかく送ればOK。相手に届いたかどうかは気にしない」というわけです。しかし、通信の中核を担うプロトコルがこれでは、あまりにもお粗末ですよね。そこで、ネットワーク層には信頼性においてIPをフォローするためのプロトコルとして**ICMP**（Internet Control Message Protocol）があります。

　ICMPは、宛先に届かないなどの問題が起こったときに、送信元に対してそれを知らせるメッセージを送ります。ただし、ICMPのメッセージが単独で送られるのではなく、IPのヘッダが付加されて送られます。つまり、トランスポート層におけるTCPとUDPの関係のように並列ではなく、あくまでも「IPを助けるプロトコル」なのです。左ページで「中心となるプロトコルがひとつしかない」といったのは、このためです。

　ちなみに、トランスポート層で「セグメント」と呼ばれていたものは、ネットワーク層では「データ」になり、それにIPヘッダを付けたものを「**IPデータグラム**」といいます。IPデータグラムも、次のデータリンク層にいけば「データ」になって……というように層ごとに名前が変化していきます。ややこしいですが、少しずつ慣れていきましょう。

　いよいよTCP/IPの中心部に到達です。ここでは単にIPというプロトコルだけではなく、宛先に届けるためのさまざまな仕組みについても紹介します。じっくり読み進めていきましょう。

ネットワーク層の役割

TCP/IP 通信の中核を担う、ネットワーク層の主な役割について紹介します。

🔓 ネットワーク層の位置付け

他の層と違い、主となるプロトコルは IP ひとつしかありません。

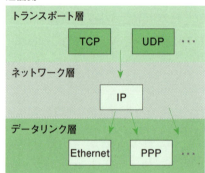
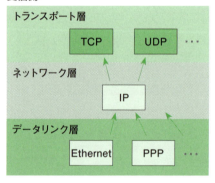

🔓 通信手段の違いを埋める

ネットワーク層には、通信手段の違いを吸収する働きがあります。これにより、通信手段の異なるネットワーク上にあるコンピュータどうしでもやり取りができるようになります。

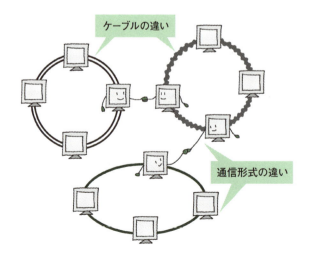

ネットワーク層は、通信手段の違いを埋める緩衝材といえます。

通信相手を特定する

ネットワーク層では、「誰が誰に届けるのか」という、通信において一番大事な情報を扱います。通信相手を特定するために、ネットワーク上に存在する全ての機器には固有の住所のようなものが割り振られています。

宛先までの経路を決める

宛先のコンピュータまでの経路は、1つだけとは限りません。宛先までの経路が複数ある場合に、適切なルートを使って届けるのもネットワーク層の役割です。

ネットワーク層の役割　93

IP プロトコル

ネットワーク層の中心となるプロトコル、
IP の主な働きを紹介します。

データリンク層へ渡す

送信側では、トランスポート層からデータを受け取り、宛先を特定する番号（IP アドレス）などを書き込んだ IP ヘッダを付けて、データリンク層に渡します。データに IP ヘッダを付けたものを、**IP データグラム**といいます。

データリンク層で扱えるサイズよりも大きいときは、分割してからヘッダを付けます。

IPヘッダ

IPデータグラム

ベストエフォートのデータ転送

IP のデータ転送は、**ベストエフォート方式**です。ベストエフォートとは、「努力はしますが、結果の保証はしません」という意味です。ヘッダが壊れていないかのチェックや宛先の住所が存在しないと判断したときの対応はしますが、再送処理は行いません。

取りこぼしても気にしません。

🔓 最適な経路で送る

IPには、宛先までの道のりや通信状況などから、そのときに最も早く宛先に届くにはどの経路がよいかを判断し、送り出すという働きがあります。

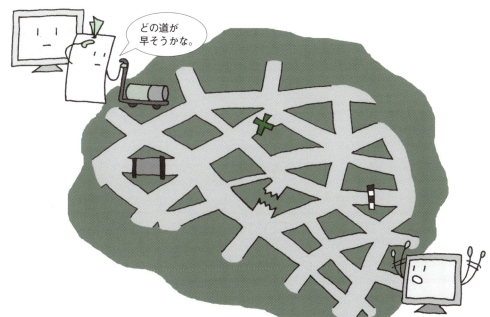

🔓 トランスポート層へ渡す

受信側では、IPヘッダに書かれた宛先の住所（IPアドレス）を確認して、自分宛てのときだけ受け取ります。そして、トランスポート層の指定されたプロトコルに渡します。

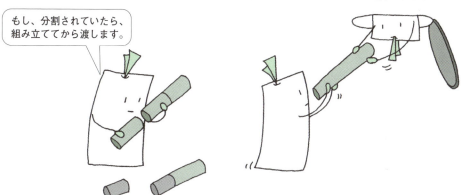

IPアドレス（IPv4）

IPアドレスとは、その名のとおり、IPが送信先を判断するために利用する「コンピュータの住所」です。

IPアドレスとIPv4

IPアドレスは、ネットワーク上の機器を区別するための番号です。従来から使われてきたIPv4と、新しいIPv6があります。IPv4は32桁のビット列からなり、基本的には次のような構造になっています。

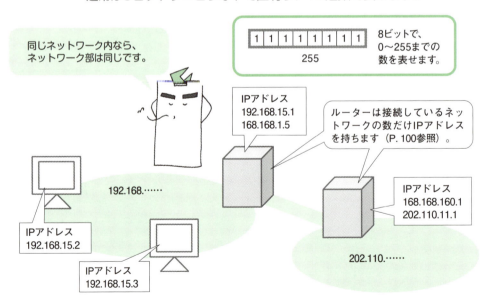

全く同じアドレスを持つコンピュータが複数台存在したら、「コンピュータを特定する」という目的は果たせません。そこで番号の重複を防ぐためにICANN（アイキャン）という機関が中心となって世界中のIPアドレスを管理しています。

ネットワーク部とホスト部の境目

IPアドレスだけでは、ネットワーク部とホスト部の境目がわかりません。そこで、**サブネットマスク**（または**ネットマスク**）と呼ばれる値を使って境目を示します。

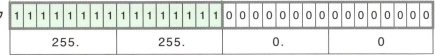

通常、IPアドレスとサブネットマスクは下のように表記し、ペアで使用します。

また、IPアドレスとサブネットマスクを次のようにまとめて書くこともできます。

１９２．１６８．１５．１０／１６

IPアドレス

IPアドレスのあとに、/（スラッシュ）とネットワーク部のビット数を書きます。

境目は、8ビットの区切りと一致しないこともあります。

IPアドレス（IPv4） 97

IP アドレス（IPv6）

IPv4 では IP アドレスが枯渇する恐れがあることから IPv6 が導入され、対応が進められています。

IPv6

IPv4（P.96）で表せる IP アドレスは約 43 億通りであり、一見十分な数のように見えますが、インターネットの普及に伴いそれでも不足してきました。その解決策として考えだされたのが IPv6 で、128 桁のビットからできています。

	IPv4	IPv6
アドレスの長さ	32 ビット	128 ビット
アドレスの個数	2^{32} ＝約 43 億	2^{128} ＝約 340 澗（＝ $3.4×10^{38}$ ＝約 340 兆×1 兆×1 兆）
表記方法	10 進法	16 進法
暗号化機能	オプションで装備	標準装備
マルチキャスト（P.84）	非対応	対応

両者に互換性はありません。

IPv6 は IPv4 と比べてより安全で便利になっています。

IPv6 の表記方法

IPv6 は、アドレスの値を 16 ビットごとに「：（コロン）」で区切り、16 進数（0〜f の数字）で表記します。

```
2001:2df6:1ee9:05f0:0000:0000:0000:0019
```

16 ビットずつ「:」で 8 つに分け、それぞれを 16 進数で表します。

98　第 5 章／ネットワーク層

🔓 省略のルール

IPv6 は、省略して短く表記することもできます。省略のルールは次のとおりです。

≫ フィールドの先頭から連続する「0」は省略可能

「:」ではさまれた各部分（フィールド）の先頭から続く「0」は省略できます。ただし、フィールド内が全て0の場合は、少なくとも1つは0が必要です。

```
2001:2df6:1ee9:05f0:0000:0000:0000:0019
                ↓
2001:2df6:1ee9:5f0:0:0:0:19
```

≫ 「0」のフィールドが連続する場合は「0」を省略可能

全て「0」のフィールドが続く場合は0を省略して「::」と表記できます。

```
2001:2df6:1ee9:05f0:0000:0000:0000:0019
2001:2df6:1ee9:5f0:0:0:0:19
                ↓
2001:2df6:1ee9:5f0::19
```

このルールは、1つのアドレス内で1度だけ利用できます。

```
2001:0000:0000:05f0:0000:0000:0000:0019
2001:0:0:05f0:0:0:0:0019
                ↓
2001::05f0:0:0:0:0019
または
2001:0:0:05f0::0019
```

両方を省略して「2001::05f0::0019」と表記するのは誤りです。

🔓 サブネットマスクの表記

IPv6 も、IPv4 同様の表記方法でサブネットマスク（P.97）を表すことができます。ただし、一般には「/64」が使われるため、あまり意識する必要はありません。

```
2001:2df6:1ee9:05f0:0000:0000:0000:0019/64
```
IPv6 アドレス　　　　　　　　　　　　ネットワーク部の
　　　　　　　　　　　　　　　　　　　ビット数

IP アドレス（IPv6）　99

宛先までの道案内

多くの通信サービスでは、送信側から受信側のコンピュータにたどり着くまでに複数のネットワークを経由します。

🔒 ルーター

ルーターは、ネットワーク間をつないで、パケットが宛先に届くまでの道案内をする機器です。ルーターのネットワーク層では、IPヘッダに記された宛先のIPアドレスを見て、次の転送先を決定します（詳細は第7章を参照）。

《ルーターの中で行われていること》

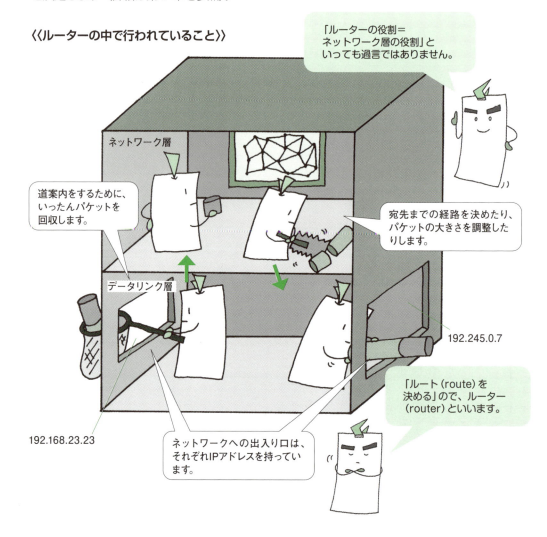

100　第5章／ネットワーク層

🔓 ルーターの道案内

ルーターを経由したパケットの転送は次のように行われます。

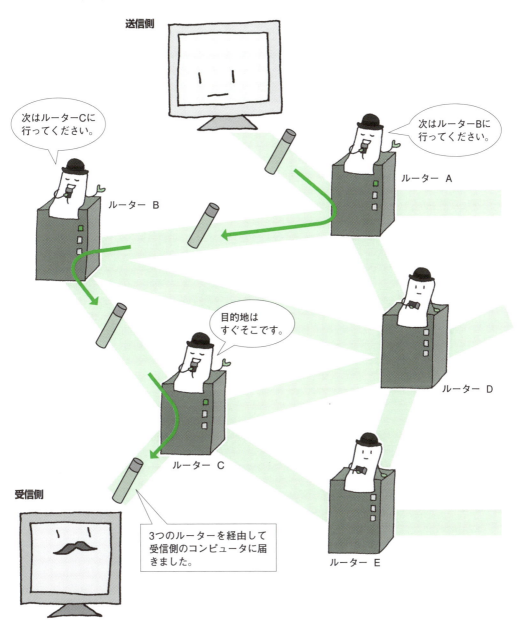

通信の世界では、コンピュータ間の距離を通過したルーターの数で表します。このとき使用する単位を**ホップ**といいます。

1 TCP/IP の概要

2 通信サービスとプロトコル

3 アプリケーション層

4 トランスポート層

5 ネットワーク層

6 データリンク層と物理層

7 ルーティング

8 セキュリティ

9 付録

届いた先で

受信側での処理と、IPヘッダの中を紹介します。

🔓 トランスポート層に渡す

受信側のネットワーク層では、IPヘッダを見て、データが壊れていないか、自分宛てかどうかなどを確認します。そして、トランスポート層の指定されたプロトコルに渡します。

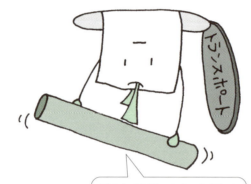

組み立てたデータを、トランスポート層の指定されたプロトコルに渡します。

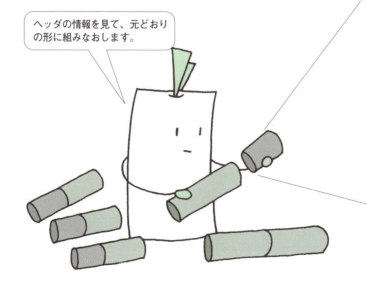

ヘッダの情報を見て、元どおりの形に組みなおします。

IPヘッダは、書き込む順序と大きさが決められています。IPv4では次のようになります。

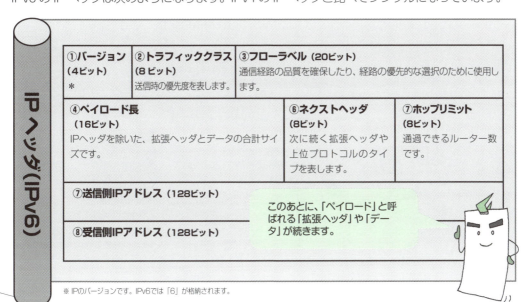

IPヘッダ(IPv4)

①バージョン (4ビット) *1	②ヘッダ長 (4ビット) *2	③サービスタイプ (8ビット) 送信時の優先度を表します。	④パケット長 (16ビット) IPヘッダとデータの合計サイズです。	
⑤識別子 (16ビット) 分割されたIPデータグラムを復元するときに使う値です。		⑥フラグ (3ビット) *3	⑦フラグメントオフセット (13ビット) 分割されたデータの順番です。	
⑧生存時間 (8ビット) 通過できるルーター数です。	⑨プロトコル (8ビット) 上位のプロトコルです。	⑩ヘッダチェックサム (16ビット) IPヘッダが無事かどうかを確認するための値です。		
⑪送信側IPアドレス (32ビット)			
⑫受信側IPアドレス (32ビット)			
⑬オプション 通常は使用されません。			⑭パディング ヘッダが32ビットの整数倍にならないときに0を付け足して調整します。

＊1 IPのバージョンです。IPv4の場合は「4」が格納されます。　＊2 IPヘッダの大きさです。　＊3 パケットの分割に関する情報です。

IPv6のIPヘッダは次のようになります。IPv4のIPヘッダと比べてシンプルになっています。

IPヘッダ(IPv6)

①バージョン (4ビット) *	②トラフィッククラス (8ビット) 送信時の優先度を表します。	③フローラベル (20ビット) 通信経路の品質を確保したり、経路の優先的な選択のために使用します。
④ペイロード長 (16ビット) IPヘッダを除いた、拡張ヘッダとデータの合計サイズです。	⑤ネクストヘッダ (8ビット) 次に続く拡張ヘッダや上位プロトコルのタイプを表します。	⑥ホップリミット (8ビット) 通過できるルーター数です。
⑦送信側IPアドレス (128ビット)		
⑧受信側IPアドレス (128ビット)		

※ IPのバージョンです。IPv6では「6」が格納されます。

このあとに、「ペイロード」と呼ばれる「拡張ヘッダ」や「データ」が続きます。

ネットワーク層の信頼性

信頼性に欠ける IP をフォローするために、ネットワーク層には ICMP というプロトコルがあります。

🔓 IP はコネクションレス

IP は UDP と同じ**コネクションレス型**の通信を行います。そのため、データが相手に届いたかどうかについては関知しません。

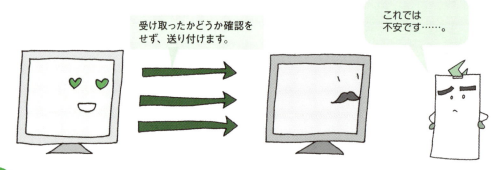

🔓 IP をフォローする ICMP

そこで、ネットワーク層には、信頼性において IP を助けるプロトコル、**ICMP**（Internet Control Message Protocol。IPv6 では **ICMPv6**、Internet Control Message Protocol for IPv6）があります。ICMP・ICMPv6 は、IP データグラムの通信状況などを必要に応じて送信元に知らせます。

104　第5章／ネットワーク層

ICMPヘッダ

ICMPヘッダの基本的な構成は、ICMP・ICMPv6どちらも次のようになります。これ以外のヘッダの項目およびデータの内容については、メッセージによって異なります。

| ①タイプ（8ビット）
メッセージの種類を表す数字です。 | ②コード（8ビット）
エラーの原因などを表す数字です。 | ③チェックサム（16ビット）
データが無事かどうかを確認するための値です。 |

≫主なタイプ一覧

ヘッダの基本的な構成は、ICMP・ICMPv6共通ですが、タイプはICMPv6で規定しなおされたため異なります。

タイプ ICMP	タイプ ICMPv6	メッセージの種類	意味
3	1	到達不能	IPデータグラムを宛先に届けられません。
5	137	リダイレクト	現在の経路よりも最適な経路を見つけました。
11	3	時間超過	一定数以上のルーターを経由したIPデータグラムを破棄しました。
8	128	エコー要求	このメッセージが届いたら、返事をください。
0	129	エコー応答	メッセージが無事届きました。

※ pingコマンド（P.115参照）などで使います。

接続状況を調べるコマンド「ping」や宛先までの経路を調べるコマンド「tracert」（UNIXでは、「traceroute」）は、ICMPメッセージを利用して結果を返します。

〜 pingの場合（ICMPの例）〜

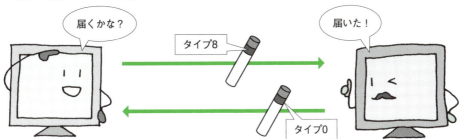

ネットワーク層の信頼性

IPアドレスの設定

IPアドレスの設定には、固定で割り振る方法と、必要なときだけ自動的に割り振る方法があります。

🔓 固定のIPアドレスを割り振る

各コンピュータに固定のIPアドレスを割り振る場合、個別に設定しなければなりません。

大きなネットワークだと、管理が大変そうです。

🔓 自動的に割り振る

必要なときだけ自動的にIPアドレスを割り振るプロトコル、**DHCP**(Dynamic Host Configuration Protocol)を使う方法もあります(IPv4の場合)。これなら、ネットワークに接続すると同時に必要な設定が自動的に行われます。

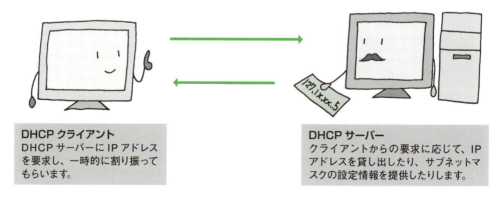

DHCPクライアント
DHCPサーバーにIPアドレスを要求し、一時的に割り振ってもらいます。

DHCPサーバー
クライアントからの要求に応じて、IPアドレスを貸し出したり、サブネットマスクの設定情報を提供したりします。

🔓 DHCP の仕組み

DHCP クライアントは要求を出すとき、宛先の IP アドレスを「255.255.255.255」とします。これは**ブロードキャストアドレス**といって、同じ LAN 内の全ての機器に送信するための特殊な IP アドレスです。要求に対し、DHCP サーバーのみが応答します。

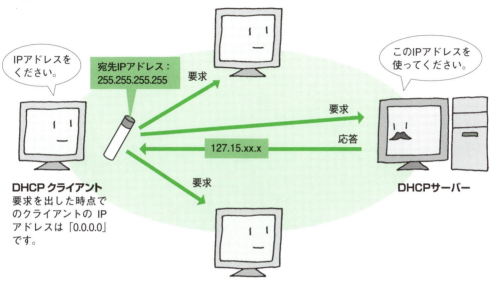

IP アドレスを付与された DHCP クライアントは、再び IP アドレス「255.255.255.255」宛てに確認を送ります。それに対し、DHCP サーバーが応答したら、やり取りが完了です。

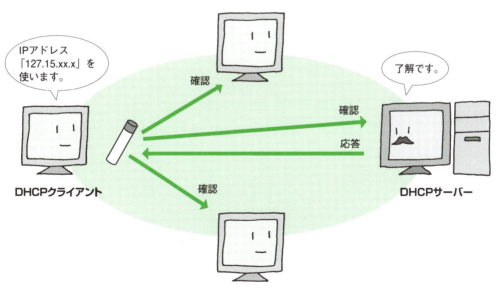

本項は IPv4 の場合について解説しています。
IPv6 で IP アドレスを自動的に割り振るには DHCPv6 を使います（P.175）。

ネットワークの細分化

会社内など比較的大きなネットワークなどを管理するときに便利な仕組み、サブネットを紹介します。

ネットワークを細分化する

たとえば、「127.15.4.0 〜 127.15.4.255/24」という IP アドレスを使ってネットワークを作ると、「127.15.4」というネットワークアドレスを持つ 1 つのネットワークに 254 台機器を接続できます（0 と 255 は固有のアドレスとして使用できないため、256 - 2 台になります）。

254台

規模が大きいと管理が大変そうです。

しかし、実際にはそんなに大規模なネットワークが必要になることはあまりありません。そこで、**サブネット**という仕組みを利用して、仮想的に小さなネットワークの集まりとして扱えるようにします。

各ネットワークは、ルーターでつなぎます。

会社など、ネットワークの規模が大きい場合には、サブネットを使って部署やフロア単位で細分化すると管理しやすくなります。

サブネットを作る

サブネットを作るには、P. 97 で紹介したサブネットマスクを利用します。サブネットマスクを使って仮想的にネットワーク部を増やすことで、次のようなことができます。

127.15.4.0〜127.15.4.255/24

`01111111 00001111 00000100 00000000`

254個の機器を接続できる1つのネットワークです。

増やしたいビット数を足します。

ネットワーク部が4ビットぶん増えます。

127.15.4.0〜127.15.4.255/28

`01111111 00001111 00000100 00000000`

この部分は管理者が自由に設定できます。

16個の機器を接続できる16個のネットワークが作れます。

サブネットはネットワーク内だけのルールなので、外から見たら1つの大きなネットワークになります。

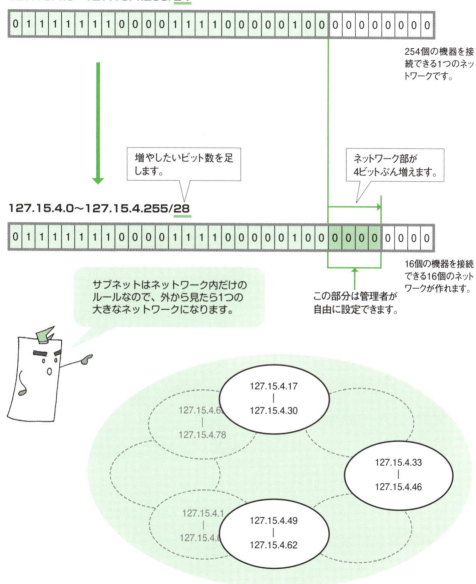

- 127.15.4.17 〜 127.15.4.30
- 127.15.4.65 〜 127.15.4.78
- 127.15.4.33 〜 127.15.4.46
- 127.15.4.1 〜 127.15.4.6
- 127.15.4.49 〜 127.15.4.62

本項は IPv4 の場合について解説しています。IPv6 では P. 99 で紹介したように「/64」になります。

ネットワークの細分化　109

LAN 内でのアドレス

社内 LAN など、限られたネットワーク内だけで使える IP アドレスもあります。

🔓 プライベートアドレス

IPv4 では、社内や家庭内など、限られたネットワークの中だけで有効な IP アドレスを**プライベートアドレス**といいます。P. 96 で紹介した IP アドレス（グローバルアドレス）は重複できないのに対して、プライベートアドレスはネットワークが異なれば重複しても問題ありません。

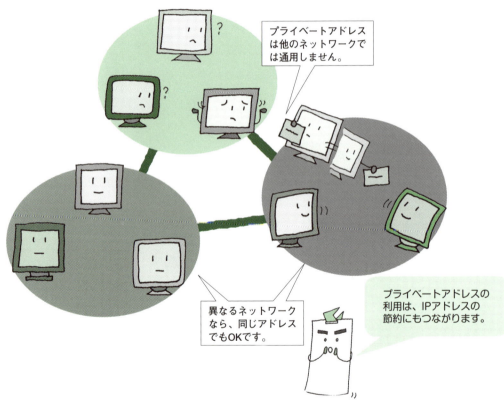

プライベートアドレスは、次の範囲の中から選ぶように決まっています。

10.0.0.0 〜 10.255.255.255
172.16.0.0 〜 172.31.255.255
192.168.0.0 〜 192.168.255.255

この範囲内のアドレスはグローバルアドレスとしては使えません。

プライベートをグローバルに

プライベートアドレスのままではインターネットに接続できないので、次のような仕組みを利用します。ほとんどのルーターには、これらの機能が付いています。

» NAT（Network Address Translation）

プライベートアドレスとグローバルアドレスを 1 対 1 で対応させて変換する仕組みです。確保しているグローバルアドレスの数までなら、複数のコンピュータを同時にインターネットへ接続できます。

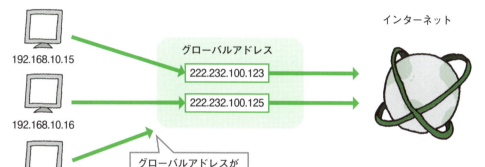

» NAPT（Network Address Port Translation）

1 つのグローバルアドレスを使って、複数のコンピュータを同時に接続できる仕組みです。ポート番号によって個々のコンピュータを識別するので、同じグローバルアドレスを同時に使うことができます。

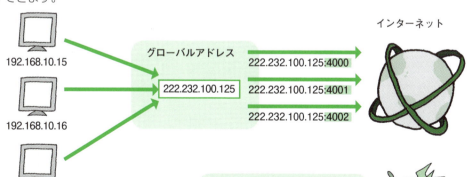

NAPTのことを**IPマスカレード**ともいいます。

LAN 内でのアドレス　111

名前解決

数字の IP アドレスでは扱いにくいので、文字で代用できる仕組みが開発されました。IP アドレス関連の知識として、知っておきましょう。

🔓 IP アドレスとドメイン

IP アドレスとドメイン名を対応させるサービスを **DNS**（Domain Name System）といいます。

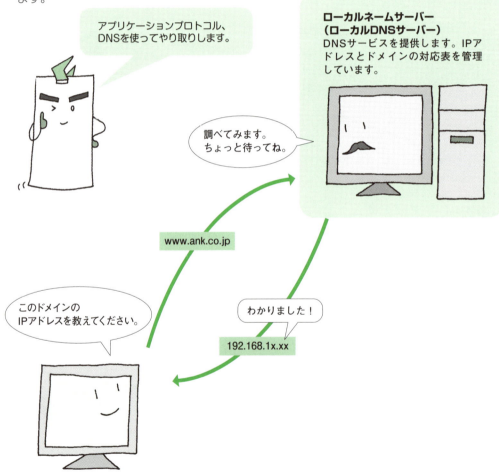

クライアントと直接やり取りするのはローカルネームサーバーです。しかし、何十億という膨大な IP アドレスを 1 台で管理することはできないため、実際には複数のネームサーバーと連携してサービスを提供しています。

IPアドレスがわかるまで

ローカルネームサーバーは、自分の対応表にないドメインを聞かれると、まずDNSを統括する**ルートサーバー**に問い合わせます。たとえば、「www.ank.co.jp」のIPアドレスを問い合わせた場合の流れを見てみましょう。

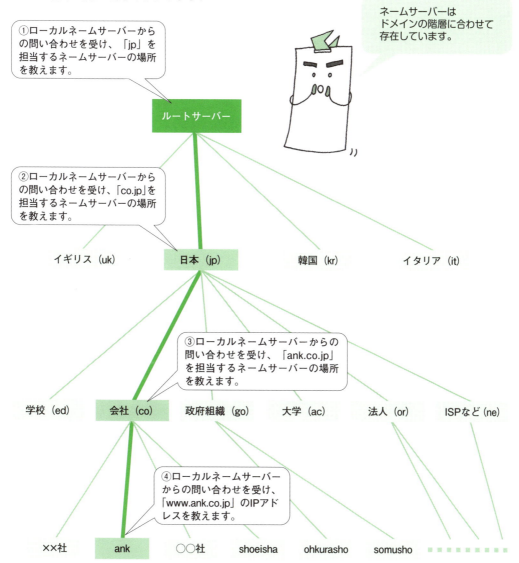

①ローカルネームサーバーからの問い合わせを受け、「jp」を担当するネームサーバーの場所を教えます。

②ローカルネームサーバーからの問い合わせを受け、「co.jp」を担当するネームサーバーの場所を教えます。

③ローカルネームサーバーからの問い合わせを受け、「ank.co.jp」を担当するネームサーバーの場所を教えます。

④ローカルネームサーバーからの問い合わせを受け、「www.ank.co.jp」のIPアドレスを教えます。

ネームサーバーはドメインの階層に合わせて存在しています。

このように、複数のネームサーバーを伝って最終的に目的のドメインを管理しているネームサーバーまでいき着き、IPアドレスを調べます。そのために、上位のネームサーバーには、1つ下の階層にあるネームサーバーのIPアドレスが登録されています。

ifconfig、ping コマンド

ipconfig は自分のコンピュータの接続状況を、ping は通信したい相手のコンピュータの接続状況を調べるコマンドです。

ipconfig コマンド

ipconfig は、Windows 上で TCP/IP の設定に関する情報を表示するコマンドです（UNIX ／ Linux では「ifconfig」）。ここでは、Windows 10 の PowerShell で実行した例を見てみましょう。

```
PS C:¥> ipconfig
```

まずは入力してみましょう！

》結果

ネットワークに接続できないときに試してみるとよいでしょう。

```
PS C:¥> ipconfig

Windows IP 構成

イーサネット アダプター イーサネット :
   接続固有の DNS サフィックス . . . . . :
   リンクローカル IPv6 アドレス. . . . . : fe80::2595:1ee9:50c6:1619%8
   IPv4 アドレス . . . . . . . . . . . : 192.168.168.56
   サブネット マスク . . . . . . . . . : 255.255.255.0
   デフォルト ゲートウェイ . . . . . . : 192.168.168.1
```

使用できるネットワークが表示されます。

自分のIPアドレスやサブネットマスクなどがわかります。

114　第 5 章／ネットワーク層

ping コマンド

ping は、特定のコンピュータがネットワーク上に存在しているかどうかを調べ、存在しているならその通信状況などを表示するコマンドです。ICMP メッセージ（P. 104 参照）を使います。

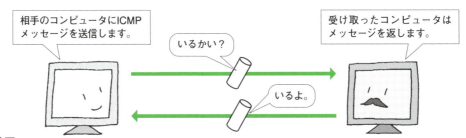

> **結果**

Web ページが表示できないときなどに試してみるとよいでしょう。

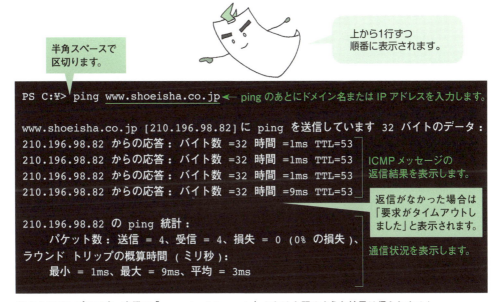

悪意のあるユーザーによって情報を悪用される恐れがあるため、管理者が ICMP のやり取りを禁止している場合もあります。

COLUMN

〜 Bluetooth 〜

　最近では、ケーブル不要の便利さから、無線を使ったデータのやり取りが普及しています。そうした無線通信で利用される技術のひとつに Bluetooth があります。

　Bluetooth は、エリクソン、IBM、インテル、ノキア、東芝の5社が中心となって策定された、近距離無線通信の規格です。現在は Bluetooth SIG（Special Interest Group）が規格の策定や、Bluetooth 技術に関する認証などを行っています。

　Bluetooth 普及以前に無線通信で用いられていた赤外線（IrDA）は、ごく近距離間でしか通信できませんでした。また、インターフェース部分を対象機器に向けている必要があり、途中に障害物があると通信ができないという欠点もありました。

　対して Bluetooth では、電子レンジなどでも利用される 2.45GHz 帯の電波を使って通信します。インターフェース部分を向かい合わせたり、途中の障害物を気にすることなく、数 m 〜数 10m の範囲内でのやり取りが可能です。Wi-Fi のように高速ではありませんが、消費電力が少ないので小型の機器に向いていて、スマートフォン、タブレット、PC、マウスやキーボードのような周辺機器、オーディオ機器、ヘッドセットなど、さまざまな機器を接続する場面で利用されています。

　Bluetooth 製品の規格で重要なのが「バージョン」「Class」「プロファイル」です。

- **バージョン**……通信方式や通信速度を規定したもの。最初の 1.0 から最新の 5.0 まで複数のバージョンがある。現在主に利用されているのはバージョン 4.0/4.1/4.2
- **Class**……電波強度と最大通信距離を表す。Class1（約100m）、Class2（約10m）、Class3（約1m）がある
- **プロファイル**……Bluetooth でやり取りするための通信ルールのようなもの。Bluetooth はさまざまな機器で利用されるため、たとえば「A2DP」はヘッドフォン／イヤフォンに音声をステレオで伝送する、「HID」はマウスやキーボードなどの入力装置を無線化するなど、機能ごとにプロファイルが決められている。通信する機器どうしは同じプロファイルに対応している必要がある

　これらの組み合わせによって通信の可不可が決まりますので、Bluetooth 製品の利用を検討する際には確認するとよいでしょう。

6
データリンク層と物理層

郷に入っては・・・

　これまで紹介した層の役割を振り返ってみましょう。「アプリケーション層：サービスを実現する」→「トランスポート層：データを相手（サービスに応じたアプリケーションプロトコル）に届ける」→「ネットワーク層：データを宛先のコンピュータまで届ける」でした。第6章では、その下に続くデータリンク層と物理層の役割について紹介します。

　これまでネットワークという言葉をたびたび使ってきましたが、ひと口にネットワークといっても、利用する通信媒体やつなぎ方によってさまざまな種類があります。そして、国によって文化や法律が異なるように、ネットワークの種類によって通信の方法は異なります。同じルールに基づいてつながっているひとかたまりを**データリンク**といい、データリンク内でのローカルルールに対応するためにあるのがデータリンク層のプロトコルです。「郷に入っては郷に従え」という言葉がありますが、これを実現するのがデータリンク層の役割なのです。

もうひとつの住所

ところで、コンピュータをネットワークに接続するには、ケーブルを使ったり、電波を使ったりなど、さまざまな方法があります。しかし、どの方法をとるにしても、接続部分に**ネットワークインターフェースカード**（NIC）という機器が必要です。「カード」というと銀行のキャッシュカードのような形を想像するかもしれませんが、一般的には、ケーブルの接続口が付いた基盤を指します。

また、全ての NIC には製造時にメーカーによって固有の番号が割り振られます。これを **MAC アドレス**といい、データリンク層で宛先を判断するときに利用されます。ネットワーク層における IP アドレスのようなもの、と考えるとよいでしょう。この章では、MAC アドレスを使ってどんな風に宛先に届けられるかを見ていきます。

また、TCP/IP の最下層である物理層も紹介します。ただし、この層には特定のプロトコルはなく、その働きは機器そのものの性質に依存する部分が大きいため、「データリンク層と一体になって働く層」という認識があれば十分でしょう。

とうとう TCP/IP の 5 階層の中で最も深いところまで潜ってきました。ここから先は普段私たちが目にすることのない世界です。イメージを膨らませて楽しく学んでいきましょう。

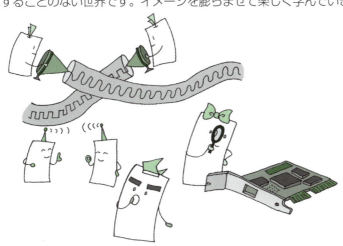

ここが Key! 119

データリンク層の役割

ネットワーク層の下に位置する、データリンク層の役割を紹介します。

ネットワーク間の違いを埋める

機器どうしをつなぐにはいくつかの方法があり、同一の方法でつなげたひとかたまりを**データリンク**といいます。データリンクどうしの違いを吸収し、ネットワーク層より上の層が違いを意識せずに働けるようにするのが、データリンク層の役割です。

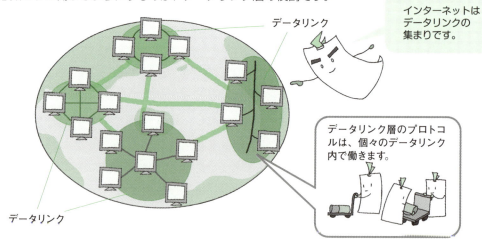

ネットワーク層と物理層の橋渡し

データリンク層では、データにヘッダを付けたものを**フレーム**といいます。

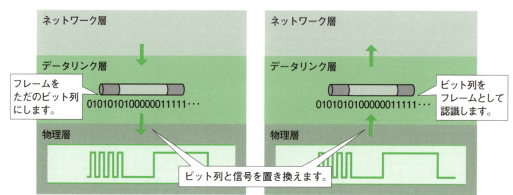

第6章／データリンク層と物理層

データリンク層のプロトコル

データリンクの中で、どのようにデータをやり取りするかを決めているのがデータリンク層のプロトコルです。データリンク内で機器を識別する必要があるときには MAC アドレスを使用します。

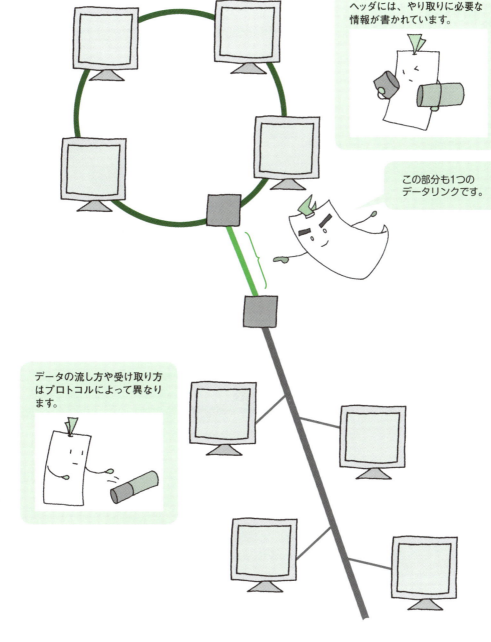

ヘッダには、やり取りに必要な情報が書かれています。

この部分も1つのデータリンクです。

データの流し方や受け取り方はプロトコルによって異なります。

データリンク層の役割

データリンクと物理層

信号を伝えるものを総称して通信媒体といいます。物理層は、通信媒体そのものを指します。

🔓 物理層

データリンクの中で信号が流れている部分を物理層といいます。ここでは、ビット列と信号の変換が行われますが、その方法は機器の持つ性質に依存するため、決まったプロトコルはありません。

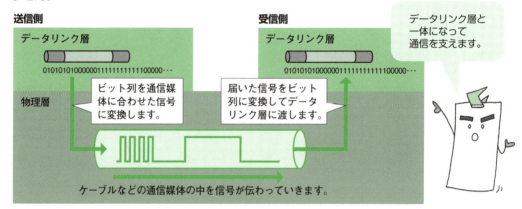

物理層は、他の層と性質が異なるため、データリンク層の一部と考えたり、TCP/IPの階層には含まないとする場合もあります。

🔓 データリンクを構成する要素

データリンクは、次のような要素によって構成されています。

≫ノード

データリンク上にある機器のことで、コンピュータやルーターなどを指します。

コンピュータ

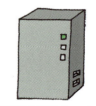

通信管理用の機器（ルーターなど）

≫ 通信媒体

ノード間をつなぐケーブルなどのことです。ケーブルの両端には、ノードに接続するための端子が付いています。

・金属線ケーブル（主に銅線）

電圧の変化で信号を伝えます。
波形がゆがみやすいので、長距離の伝送には信号を増幅／修正する装置（リピーター）が必要です。

・光ファイバーケーブル（ガラス）

光の明滅で信号を伝えます。
遠距離の伝送ができ、周囲の電波の影響を受けません。

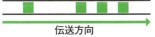

光ファイバーは金属線に比べて高価です。

・無線

ケーブルを使わず、電波や赤外線で信号を伝えます。
ノード間の距離や障害物、周囲の電波の影響により、通信できないこともあります。

≫ ノードと通信媒体をつなぐ機器

ビット列と信号の変換を行います。ネットワークインターフェースカード（NIC）やモデムなどがあります。

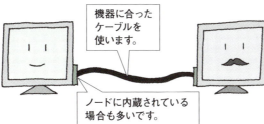

データリンクと物理層

ネットワークへの玄関

全てのデータは、NICという機器を通してコンピュータに出入りします。IPアドレスとは別に、NICにも個別の番号が割り振られています。

🔓 ビット列を信号に変換する

コンピュータからネットワークへの玄関口となるのが、**ネットワークインターフェースカード（NIC）** という機器です。LANカードやネットワークアダプタとも呼ばれます。

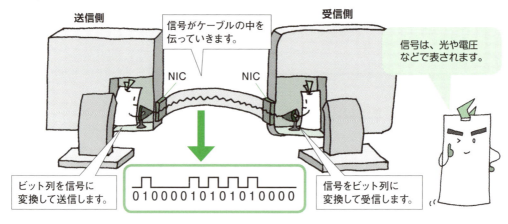

🔓 MACアドレス

NICには、**MAC**（Media Access Control）**アドレス**という固有の番号が割り振られており、データリンク層では、この番号を使って機器を特定します。ネットワークを越えるときにはIPアドレスが、データリンク内に入ってからはMACアドレスが使われるわけです。MACアドレスは、48桁のビット列を8ビットずつ「:（コロン）」または「-（ハイフン）」で区切って16進数で表します。

MAC アドレスを使った宛先確認

データリンク層のプロトコルの多くは、MAC アドレスを使って次のようなやり取りを行います。

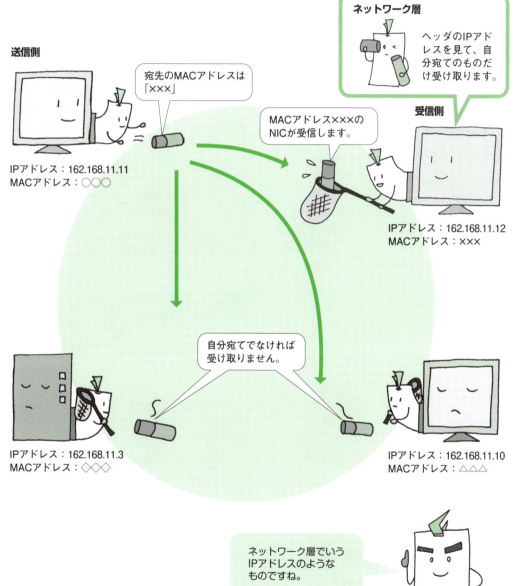

MACアドレスを調べる

「宛先のIPアドレスはわかるけど、MACアドレスはわからない……。」
そんなときのために、ARPがあります。

ブロードキャストMACアドレス

同じデータリンク内の全ての機器に送ることができるMACアドレスを**ブロードキャストMACアドレス**といいます。ブロードキャストMACアドレスは、全てのビットに1が入っていることを示す「ff:ff:ff:ff:ff:ff」です。

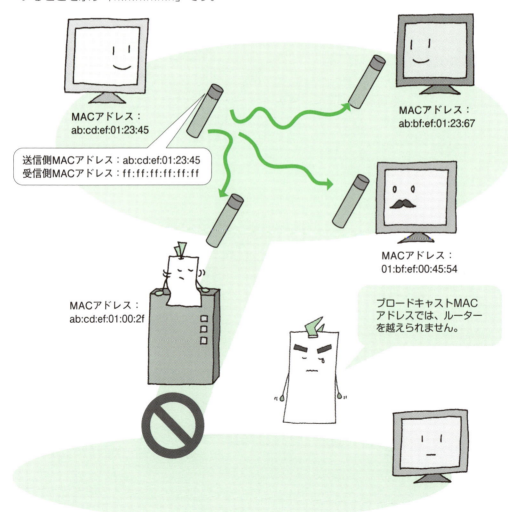

宛先の MAC アドレスを調べる

データリンク内では MAC アドレスを使って機器を特定するため、IP アドレスだけでは宛先に届けることができません。IP アドレスから相手の MAC アドレスを調べるときには **ARP**（Address Resolution Protocol）プロトコルを使います。

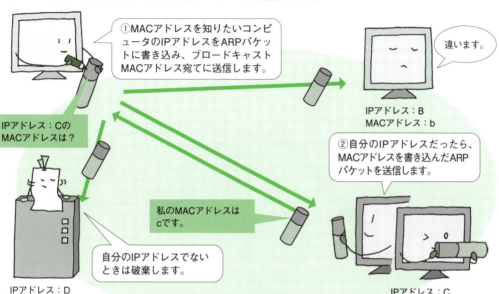

ARP パケットは、データリンク層のプロトコルでカプセル化され、送信されます。

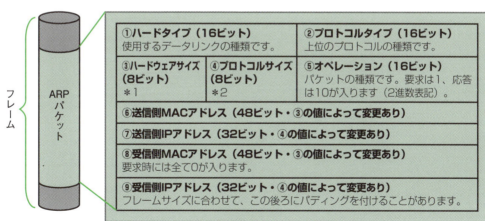

＊1 MAC アドレスのサイズをバイトで表したものです。
＊2 上位プロトコルで使用されるアドレスのサイズをバイトで表したものです。

IPv6 では ARP プロトコルは利用せず、ICMPv6（P.104）の**近隣検索**（ND：Neighbor Discovery）機能を使って同様の MAC アドレス解決を行います。

ネットワークのつなぎ方

コンピュータの基本的なつなぎ方を紹介します。つながれた機器ひとつひとつをノードといいます。

🔓 バス型

軸となるケーブルから支線を引き、その先にノードを接続します。

ノードの取り付けや取り外しが比較的簡単です。

🔓 リング型

両隣のノードを接続して、リング状につなぎます。リング内でノードの故障やケーブルの切断などが1ヶ所でも起これば、全体が通信できなくなります。

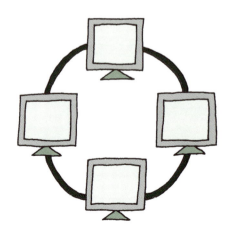

ノードも経路の一部になります。

128　第6章／データリンク層と物理層

🔓 スター型

1つのノード（一般的にはハブ）を介して他のノードを接続します。ネットワークの集中管理ができますが、中心となるノードが故障すると、全体に影響が及びます。

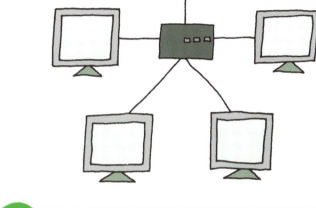

中心となるノードが
ネットワークを統括します。

🔓 メッシュ型

全てのノードを1対1でつなぎます。一部のケーブルやノードが故障しても、そこを避けて通信を続けられます。

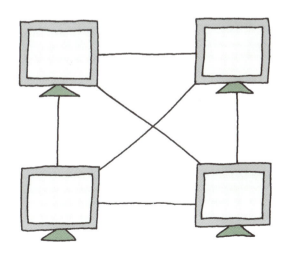

主にWANの接続形態として使われます。

イーサネット（Ethernet）

現在の有線 LAN で一般的に使われている規格がイーサネットです。

イーサネットの仕組み

初期のイーサネットでは、通信環境による制約から **CSMA/CD 方式**と呼ばれる**半二重通信**でフレームをやり取りしていました。

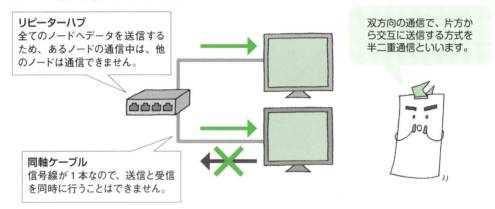

片方からしか送信できないこの方式では、データの衝突が生じることがあります。

〜CSMA/CD 方式でノード A からノード B にデータを送信する〜

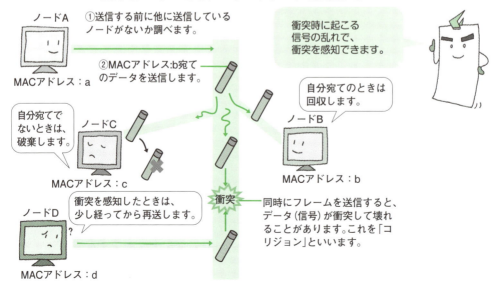

現在では、スイッチングハブやツイストペアケーブル、光ファイバーケーブルなどの普及により、**全二重通信**でやり取りが行われています。

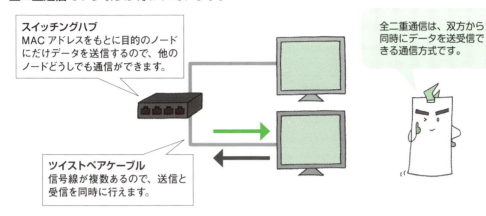

スイッチングハブ
MACアドレスをもとに目的のノードにだけデータを送信するので、他のノードどうしでも通信ができます。

全二重通信は、双方から同時にデータを送受信できる通信方式です。

ツイストペアケーブル
信号線が複数あるので、送信と受信を同時に行えます。

🔓 イーサネットフレーム

イーサネットのフレームは次のようになっています。

①**同期用信号**（56ビット） 受信側にフレームを受け取る準備をさせるための値です。 10101010を7回書き込みます。 ②**開始符号**（8ビット） 次からフレームがはじまることを示す値です。 10101011が入ります。
③**受信側MACアドレス**（48ビット）
④**送信側MACアドレス**（48ビット）
⑤**フレーム長/タイプ**（16ビット） ＊1
⑥**データ** カプセル化されたIPヘッダ／TCPヘッダ／アプリケーションヘッダ／データが入ります。もし、この部分がバイト単位（8ビットの倍数）にならないときは最後に0を足してデータ長を調節します。（最大1500バイト）
⑦**FCS（Frame Check Sequence）**（32ビット） フレームが壊れずに届いているかどうかを調べるための値です。 ③から⑤までの値を使用して算出します。

①と②を合わせてプリアンブル（preamble/前置き）といいます。

＊1　フレーム長（バイト単位）か、上位層のプロトコルへ渡す情報が入ります。どちらが入るかは、イーサネットの種類によります。

イーサネット（Ethernet）　131

トークンリング

フレームが衝突しないように、権利を得たコンピュータだけが送信を行うデータリンクです。

トークンリングの仕組み

ネットワーク上に流れている**トークン**（しるし）というフレームを使って通信します。トークンを取得したコンピュータしか送信できないので、フレームの衝突が起こりません。このような通信方法を**トークンパッシング方式**といいます。

※ イーサネットが普及したため、今ではほとんど使われていません。

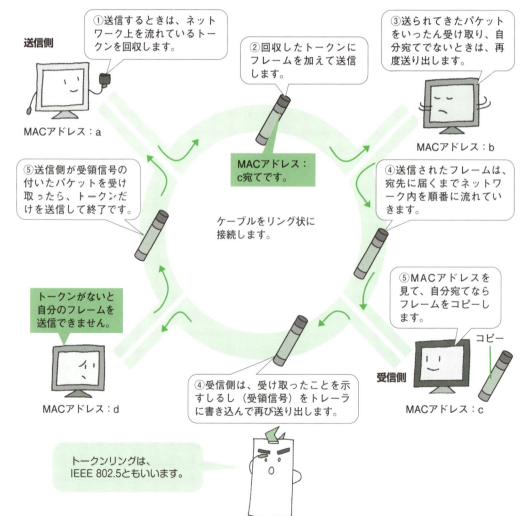

🔒 トークンリングフレーム

トークンとトークンリングのフレームは次のようになっています。

トークンフレーム

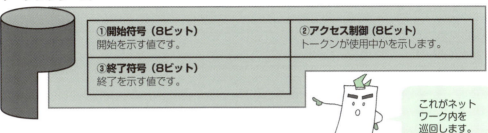

トークンリングフレーム

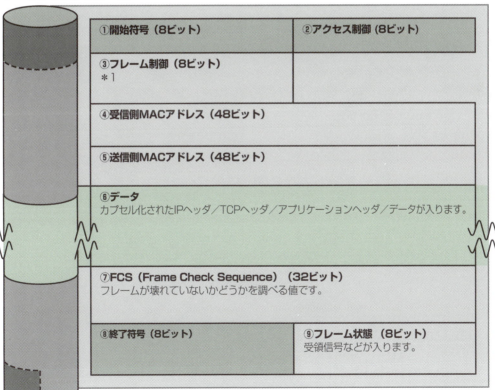

*1 MACアドレスを使う通信かそうでないかを示します（トークンリングは、TCP/IP以外のプロトコルにも対応しているので、必ずしもMACアドレスを使うとは限りません）。

その他のデータリンク

光ファイバーケーブルを使うFDDIや、ケーブルを使わずに電波や赤外線でつなぐデータリンクを紹介します。

🔓 FDDI

FDDI（ファイバー ディストリビューテッド データ インターフェース）（Fiber Distributed Data Interface）は、光ファイバーケーブルを使ったトークンパッシング方式のデータリンクです。2重のリングを作り、普段使うリング（1次リング）が断線しても、緊急時用のリング（2次リング）で通信を継続できるようにしています。

※ イーサネットが普及したため、今ではほとんど使われていません。

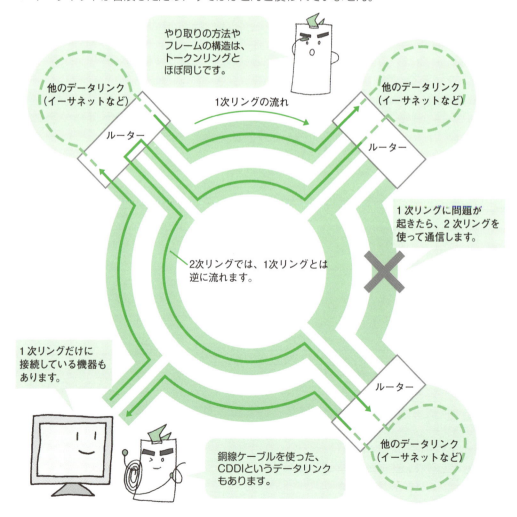

134　第6章／データリンク層と物理層

無線 LAN

無線 LAN は、電波や赤外線を利用してデータの送受信を行う通信方法です。現在普及している無線 LAN の標準規格を総称して **IEEE 802.11**(アイトリプルイー)といい、周波数帯や通信速度によっていくつかの規格に分かれています。

規格	周波数帯	最大通信速度	標準化
IEEE 802.11a	5GHz	54Mbps	1999 年
IEEE 802.11b	2.4GHz	11Mbps	1999 年
IEEE 802.11g	2.4GHz	54Mbps	2003 年
IEEE 802.11n	2.4GHz/5GHz	600Mbps	2009 年
IEEE 802.11ac	5GHz	6.9Gbps	2013 年
IEEE 802.11ad	60GHz	6.8Gbps	2012 年

無線 LAN では、次のような **CSMA/CA** 方式という通信方法が用いられています。

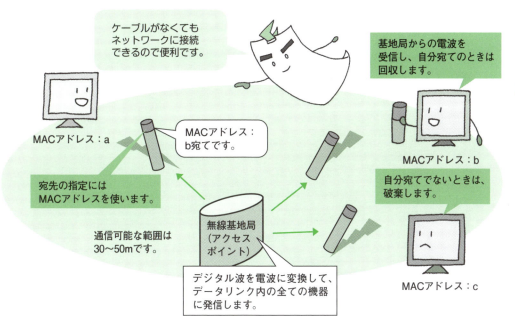

その他のデータリンク　135

PPP と PPPoE

PPP はユーザー認証機能の付いたプロトコルです。この PPP をイーサネット上でも使えるよう拡張したものが PPPoE です。

🔓 PPP

PPP（Point-to-Point Protocol）は、2 点間で 1 対 1 の通信を行うプロトコルです。次のような手順を踏んで通信を確立します。

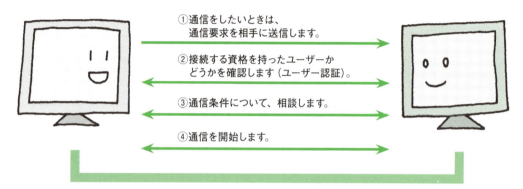

PPP フレームは次のようになります。

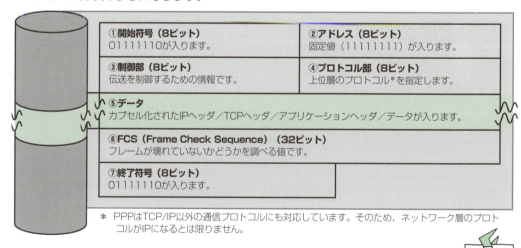

PPPは、1対1の通信なので、MACアドレスは使いません。

PPPoE

イーサネット上にある2台のコンピュータ間で認証を行えるようにしたのが**PPPoE**（PPP over Ethernet）です。PPPoEは、主にxDSLやCATV回線、光回線を使ってアクセスサーバー経由でインターネットに接続するときに使います。

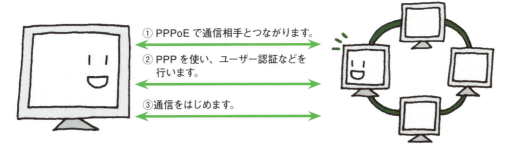

PPPoEフレームは、イーサネットフレームに包まれて運ばれていきます。

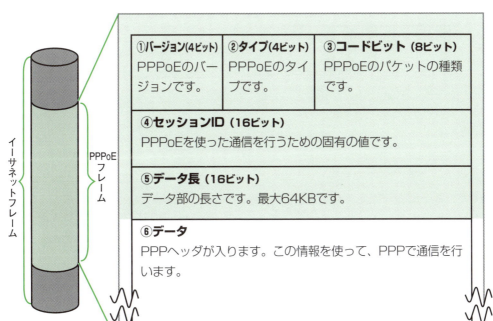

PPPとPPPoE 137

データリンク上の機器(1)

データリンク層／物理層において通信を補佐する機器を紹介します。

🔓 リピーター

信号は、通信媒体や周囲の環境、通信距離などの影響を受けて、劣化することがあります。劣化がひどくなると、0か1かの判断がつかなくなってしまいます。

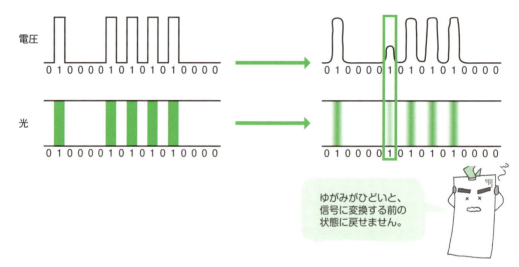

そこで、ネットワーク上に信号を補正する機器を設置して、信号の劣化を防ぎます。この機器を**リピーター**といいます。現在ではハブがリピーターの役割も果たしています（P.140）。

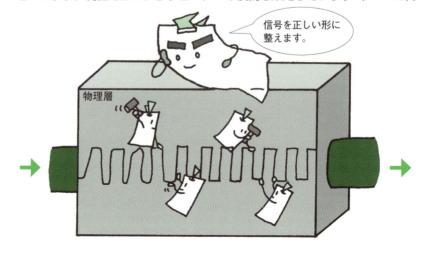

138　第6章／データリンク層と物理層

🔓 ブリッジ

信号の補正に加えて、異なる2つのデータリンクをつなぐ機能を持った機器を**ブリッジ**といいます。宛先MACアドレスを見て、流れてきたのとは別のデータリンク宛てなら送り出し、同じデータリンク宛てなら破棄します。

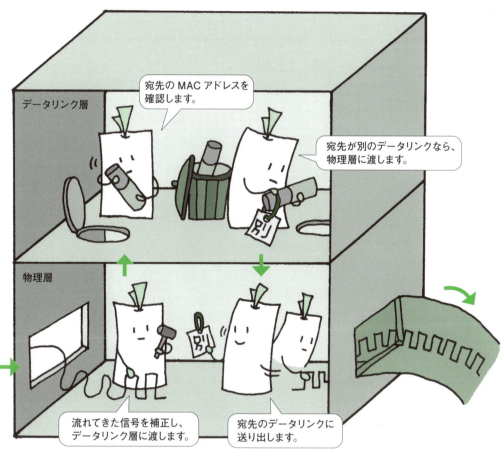

データリンク上の機器(1)　139

データリンク上の機器（2）

データリンク層／物理層において通信を補佐する機器を紹介します。

🔓 ハブ

ネットワーク上でケーブルを分岐するための機器を**ハブ**といいます。1つの信号を複数のケーブルに送り出すために信号を増幅する必要があることから、リピーターの役割も持っています。

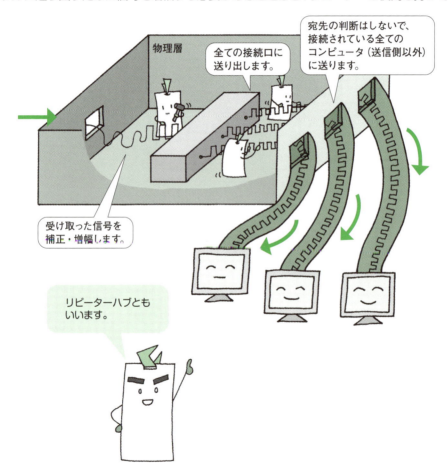

信号の補正／増幅機能を持たない**パッシブハブ**という機器もあります。

スイッチングハブ

宛先 MAC アドレスを見て、複数ある接続先の中から特定のノードだけに信号を送り出す機能を持ったハブを**スイッチングハブ**といいます。

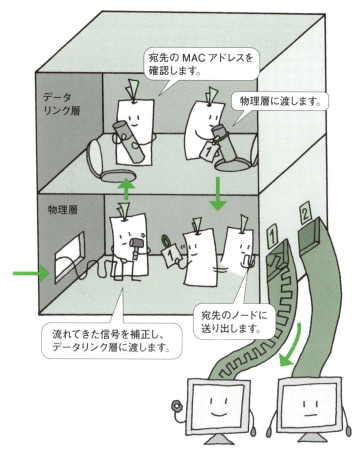

宛先を確認して行き先を振り分けるため、通常のハブよりも通過に時間がかかります。

TCP/IP の概要

通信サービスとプロトコル

アプリケーション層

トランスポート層

ネットワーク層

データリンク層と物理層

ルーティング

セキュリティ

付録

データリンク上の機器(2)

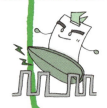

コンピュータのアドレス情報

コンピュータが保存している他のコンピュータのアドレス情報を表示するコマンドを紹介します。

arp コマンド／ netsh コマンド

arp プロトコルを使って調べた MAC アドレスは、コンピュータ内の **ARP テーブル**に保存されます。arp コマンドは、ARP テーブルを表示するコマンドです。

```
PS C:¥> arp -a          ←「-a」は all という意味のオプションです。
                          arp と -a は半角スペースで区切ります。

インターフェイス : 192.168.168.56 --- 0x8  ←  使用している
    インターネット アドレス   物理アドレス        種類       コンピュータの情報です。
    192.168.168.1        xx-xx-xx-xx-xx-xx   動的
    192.168.168.205      xx-xx-xx-xx-xx-xx   動的   ── ARP テーブルです。
    255.255.255.255      xx-xx-xx-xx-xx-xx   静的
```

Windows の場合、ARP テーブルには次のような情報が含まれています。UNIX・Linux では、項目や表示形式が多少異なります。

項目名	意味
インターネットアドレス	IP アドレスを表します。
物理アドレス	MAC アドレスを表します。
種類	アドレスの保存状態を表します。 静的……使用の有無にかかわらず、永続的に保存されます。 動的……一定期間使用されないと自動的に削除されます。

IPv6 では、ICMPv6 を使って調べた MAC アドレスを**近隣キャッシュ**（neighbor cache）に保存します。近隣キャッシュを確認するには、netsh コマンド（UNIX ／ Linux では「ip」コマンド）を使用します。下は、Windows で netsh コマンドを使用した例です。

```
PS C:¥> netsh interface ipv6 show neighbors
     :
インターフェイス 8: vEthernet (外部ネット)

インターネット アドレス              物理アドレス              種類
--------------------------          ---------------          --------
fe80::a0:87b7:1345:188d             xx-xx-xx-xx-xx-xx        到達可能 (ルーター)
fe80::2ae:33f0:fe00:ae81            xx-xx-xx-xx-xx-xx        Stale
ff02::1                             xx-xx-xx-xx-xx-xx        恒久
```

インターネットアドレスや物理アドレス、種類など ARP テーブルと同じような情報が表示されますが、近隣キャッシュのほうが詳細な内容になっています。

ipconfig /all コマンド

第5章でも紹介した ipconfig コマンドの /all オプションを使うと、MAC アドレスを含む TCP/IP の設定の詳細を表示します。ネットワークに接続できない場合に、自分のコンピュータの接続設定を確認できます。UNIX ／ Linux では「ifconfig -a」と入力します。

```
PS C:¥> ipconfig /all         ← 半角スペースで区切ります。

Windows IP 構成

① ┌ ホスト名. . . . . . . . . . . . . . . : shiori    ← コンピュータの名前です。
   │ プライマリ DNS サフィックス . . . . . :
   │ ノード タイプ . . . . . . . . . . . . : ハイブリッド
   │ IP ルーティング有効 . . . . . . . . . : いいえ   ← IP データグラムのルーティングの
   └ WINS プロキシ有効 . . . . . . . . . . : いいえ       有効 / 無効

イーサネット アダプター イーサネット :       ← 使用できる NIC を表示します。

② ┌ 接続固有の DNS サフィックス . . . . . :
   │ 説明. . . . . . . . . . . . . . . . . : Intel(R) Ethernet Connection xxxx
   │ 物理アドレス. . . . . . . . . . . . . : xx-xx-xx-xx-xx-xx   ← MAC アドレスです。
   │ DHCP 有効 . . . . . . . . . . . . . . : はい    ← DHCP の利用の有無です。
   │ 自動構成有効. . . . . . . . . . . . . : はい    ← IP アドレスの自動設定が有効かどうかです。
   │ リンクローカル IPv6 アドレス. . . . . : fe80::2595:1ee9:50c6:1619%8 （優先）
   │ IPv4 アドレス . . . . . . . . . . . . : xxx.xxx.xxx.xxx（優先）
   │ サブネット マスク . . . . . . . . . . : 255.255.255.0          DHCP サーバーの
   │ リース取得. . . . . . . . . . . . . . : 2018 年 5 月 10 日 14:52:18   IP アドレスです。
   │ リースの有効期限. . . . . . . . . . . : 2018 年 5 月 13 日 14:52:17
   │ デフォルト ゲートウェイ . . . . . . . : xxx.xxx.xxx.xxx
   │ DHCP サーバー . . . . . . . . . . . . : xxx.xxx.xxx.xxx       DUID で特定された
   │ DHCPv6 IAID. . . . . . . . . . . . . : xxxxxxxx              システム上の各イン
   │ DHCPv6 クライアント DUID. . . . . . . : xx-xx-xx-xx-xx-xx-xx-xx-xx-xx-xx-xx-xx-xx  ターフェイスを識別す
   │ DNS サーバー. . . . . . . . . . . . . : xxx.xxx.xxx.xxx        るための ID です。
   └ NetBIOS over TCP/IP . . . . . . . . . : 有効       DHCPv6 でクライ
                                                        アントを識別するた
PS C:¥>                                                 めの ID です。
                                          DNS サーバーの IP アドレスです。
```

①コンピュータそのものの設定に関する項目です。
②NIC の設定に関する項目です。NIC の数だけ表示されます。

※PPP が有効なコンピュータでは、それについての情報も表示されます。
※DHCPv6（DHCP for IPv6）は、IPv6 で使用される DHCP 環境のことです。

コンピュータの接続環境やOSに
よって表示項目は異なります。

コンピュータのアドレス情報　143

COLUMN

〜イーサネットの規格〜

　イーサネットには多くの規格があり、規格によって転送速度や転送距離が異なります。主な規格をおおまかにまとめると、次のようになります。

規格	最大転送速度	使用ケーブル	最大転送距離
100BASE-T	100Mbps	ツイストペアケーブル（UTP: カテゴリ 5）	100m
100BASE-F		光ファイバーケーブル（MMF） 光ファイバーケーブル（SMF）	400mまたは2km 20km
1000BASE-T	1000Mbps	ツイストペアケーブル （UTP：カテゴリ 5 以上）	100m
1000BASE-X		光ファイバーケーブル（MMF） 光ファイバーケーブル（SMF） 同軸ケーブル	550m 5km 25m
2.5GBASE-T	2.5Gbps	ツイストペアケーブル（UTP: カテゴリ 5e）	100m
5GBASE-T	5Gbps	ツイストペアケーブル（UTP: カテゴリ 6）	100m
10GBASE-T	10Gbps	ツイストペアケーブル （UTP：カテゴリ 6、6A、7）	100m
10GBASE-R		光ファイバーケーブル（MMF） 光ファイバーケーブル（SMF）	220m、300m 10km、40km、40km 以上
10GBASE-W		光ファイバーケーブル（MMF） 光ファイバーケーブル（SMF）	300m 10km、40km
10GBASE-X		光ファイバーケーブル（MMF） 光ファイバーケーブル（SMF）	300m 10km
10GBASE-CX4		同軸ケーブル	15m
25GBASE-T	25Gbps	ツイストペアケーブル（UTP: カテゴリ 8）	30m
25GBASE-R		光ファイバーケーブル（MMF） 光ファイバーケーブル（SMF）	70m、100m 10km
40GBASE-T	40Gbps	ツイストペアケーブル（UTP: カテゴリ 8）	30m
40GBASE-R		光ファイバーケーブル（MMF） 光ファイバーケーブル（SMF）	100m、150m 10km、30km
100GBASE-R	100Gbps	光ファイバーケーブル（MMF） 光ファイバーケーブル（SMF）	70m、100m、150m 10km、30km、40km

　一般的にイーサネットというと、転送速度が 10Mbps のものを指し、100Mbps のものはファストイーサネット、1Gbps のものはギガビットイーサネット、それ以上のものは n（数値）ギガビットイーサネットと呼ばれています。

※ ケーブルの詳細は付録参照
※ bps:bit per second の略です。1秒間に転送できるビット数を表します。
※ 各規格はさらに細かく分類され、それぞれ使用するケーブルや最大転送距離が異なります。

第 6 章／データリンク層と物理層

宛先までの飛び石

　これまでの章ではTCP/IPの各層の説明をしてきましたが、第7章では、ルーターの働きに焦点を当てて紹介します。第5章で「宛先までの道案内をする機器」として紹介したルーターが、実際にどのように道案内していくかを詳しく見ていきましょう。

　通信を行うとき、送信元のコンピュータと宛先のコンピュータが必ずしも同じネットワーク内にあるとは限りません。ほとんどの場合、パケットは宛先に届くまでにいくつかのネットワークを越えていきます。

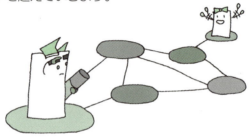

　「ネットワークを越える」といっても個々のネットワークの内部を突き進んでいくわけではありません。実際には、ネットワークの入り口に設置されたルーターを転々と渡り歩いて、宛先のコンピュータがあるネットワークの入り口までたどり着きます。飛び石をぴょんぴょんと飛び越えていくようなイメージです。

経路を決める

　ルーターは単なる「宛先までの中継地点」というわけではありません。ルーターには、「届いたパケットの宛先を確認して、次の転送先を決める」という重要な役割があります。ルーターが次の転送先を決めて、そこへ向けてパケットを送り出す作業を**ルーティング**といいます。

　ここでちょっと考えてみてください。たとえば、「あなたの家から最寄駅までの経路を教えてください」と聞かれたときに、経路が1つしかない、ということはあまりないと思います。ルーターの場合も同じで、宛先に通じる「次の転送先」が1つとは限りません。そこで、ルーターは次の転送先を決めるためにある情報を使います。その情報を**ルーティングテーブル**といいます。

　ルーティングテーブルはルーターの中に記憶されているものですが、記憶の方法には2通りあります。ひとつはユーザー（管理者）が手動で記憶させる方法で、もうひとつはルーター自身が他のルーターと情報交換をして記憶する方法です。この章では、ルーティングテーブルの記憶方法についても紹介します。

　第7章ではパケットが宛先に届くまでの過程をクローズアップします。広い世界をパケットが旅していく様子を思い描きながら、読み進めていきましょう。

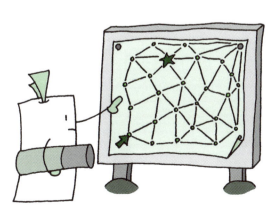

ルーティング

宛先のコンピュータが同じネットワーク内にあるとは限りません。
パケットを他のネットワークに運ぶのは、ルーターの役割です。

🔓 ルーティング

異なるネットワーク間の通信では、パケットは複数のルーターを経由して宛先にたどり着きます。このとき、ルーターが行う宛先までの経路決定を**ルーティング**といいます。

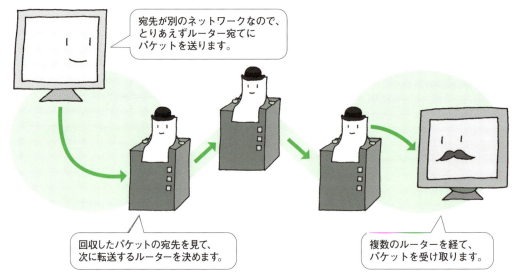

宛先が別のネットワークなので、とりあえずルーター宛てにパケットを送ります。

回収したパケットの宛先を見て、次に転送するルーターを決めます。

複数のルーターを経て、パケットを受け取ります。

ルーティングを行うために、ルーターは、**ルーティングテーブル**という情報を持っています。回収したパケットの宛先 IP アドレスを見て、ルーティングテーブルを参考に次にどのルーターに転送するかを決めます。

ルーティングテーブル

ルーティングテーブルは、主に次の項目で構成されています。

宛先ネットワーク	ネクストホップアドレス	メトリック	出力インターフェース	経路の情報源	経過時間
192.128.158.0/24	222.232.255.0/28	1	イーサネット	R*	0:00
208.260.258.0/24	222.232.10.0/24	1	FDDI	管理者	0:17
208.203.111.0/24	101.100.12.0/28	1	PPP	R	0:01

＊ルーティングプロトコル（P. 152 参照）

登録できるテーブルの数は、ルーターの種類により異なります。

①**宛先ネットワーク：**
ルーターが把握しているネットワークの、ネットワークアドレスとサブネットマスクが入ります。

②**ネクストホップアドレス：**
①のネットワークに届けるための、次の転送先となるルーターのIPアドレスとサブネットマスクが入ります。

③**メトリック（判断基準）：**
経路の最適度を表す数値が入ります。値が小さいほど優れた経路となります。

④**出力インターフェース：**
次の転送先のデータリンク情報が入ります。これにより、データリンク層のどのプロトコルを使ってカプセル化するかが決まります。

⑤**経路の情報源：**
この情報が手動登録されたのか、あるいはどのルーティングプロトコルを使って自動登録されたのかを示す文字が入ります。

⑥**経過時間：**
経路が登録されてから経過した時間が入ります。ルーティングプロトコルによっては、この情報を元に経路が現在も利用可能かどうか判断します。

※ これ以外に、メーカー独自の項目を持つ場合もあります。

経路の決め方

ルーティングには「静的（スタティック）」と「動的（ダイナミック）」の2種類があります。

🔒 静的ルーティング

あらかじめ管理者によって登録されたルーティングテーブルを使用して、宛先まで届ける方法です。経路は固定になるので、その経路中に1ヶ所でも不具合が起こると届けられません。

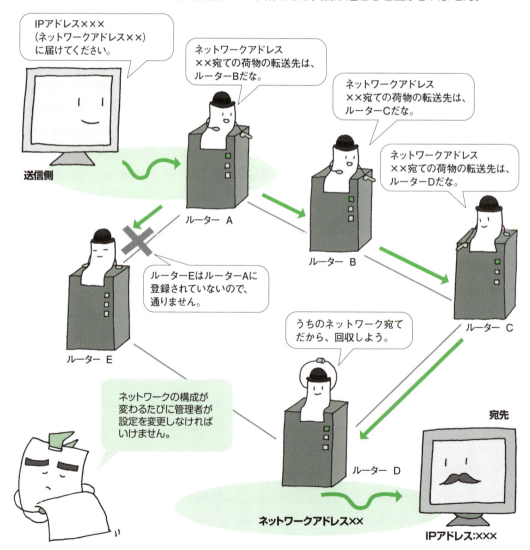

動的ルーティング

ルーターどうしが情報交換を行い、そのときに最も適切な経路を使って届ける方法です。ある経路に不具合が起これば、自動的に別の経路が選択されます。

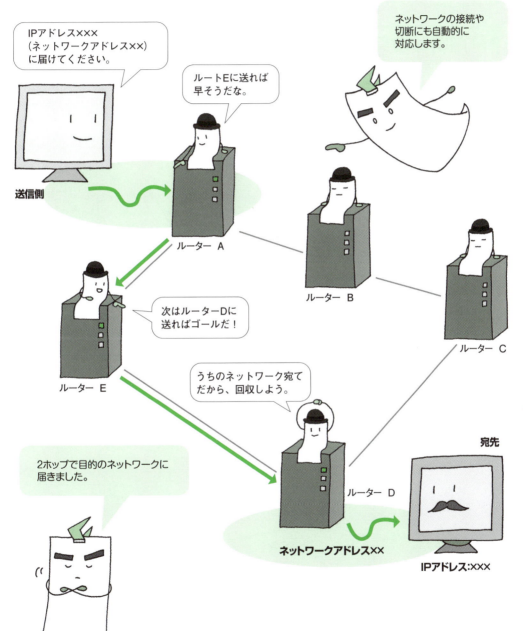

TCP/IPの概要

通信サービスとプロトコル

アプリケーション層

トランスポート層

ネットワーク層

データリンク層と物理層

ルーティング

セキュリティ

付録

経路の決め方 151

ルーターどうしの情報交換

ルーター間では、どのように経路情報を交換しているのでしょうか。

経路情報の交換

動的ルーティングでは、ルーターは直接つながっている他のルーターから情報を得てルーティングテーブルを作成します。このときに使われるのが、**ルーティングプロトコル**です。

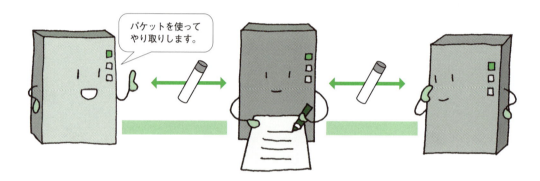

ルーティングプロトコルには、大きく分けて **IGP**（Interior Gateway Protocol）と **EGP**（Exterior Gateway Protocol）の2種類があります。

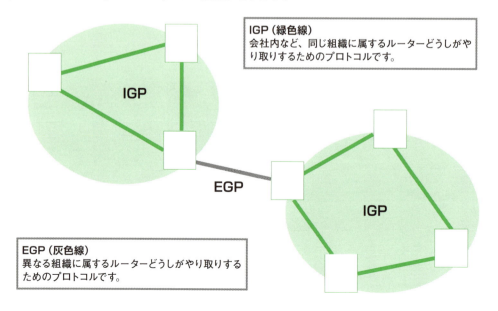

主なルーティングプロトコル

代表的なルーティングプロトコルを紹介します。

» RIP（Routing Information Protocol）

IGP の一種で、小～中規模の組織内で利用されます。目的地までのルーター数（ホップ数）を重視してルーティングテーブルを作成します。

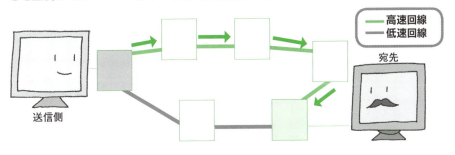

ホップ数の少ない経路を選びます。

» OSPF（Open Shortest Path First）

IGP の一種で、中～大規模の組織内で利用されます。転送速度などを考慮し、目的地までの速さを重視してルーティングテーブルを作成します。

» BGP（Border Gateway Protocol）

EGP の一種です。目的地までのルーター数（ホップ数）を重視してルーティングテーブルを作成します。

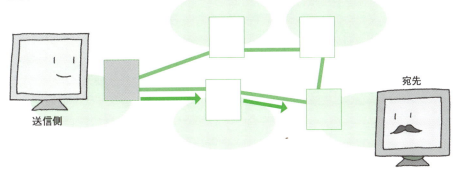

ルーティングの仕組み

ルーターは、MACアドレスを使って経由地を指定します。

🔓 ルーターの中では…

ルーターのネットワーク層では、宛先のIPアドレスを確認し、ルーティングテーブルから次の転送先を判断します。データリンク層では、転送先のMACアドレスを書き加えてネットワークに流します。

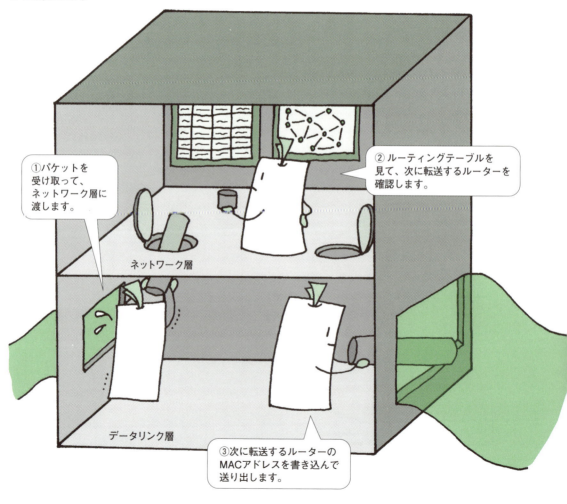

①パケットを受け取って、ネットワーク層に渡します。

②ルーティングテーブルを見て、次に転送するルーターを確認します。

③次に転送するルーターのMACアドレスを書き込んで送り出します。

転送の流れ

IPアドレスは「最終目的地（宛先）」を、MACアドレスは「経由地」を示します。MACアドレスがどのように書き換えられていくかを見てみましょう。

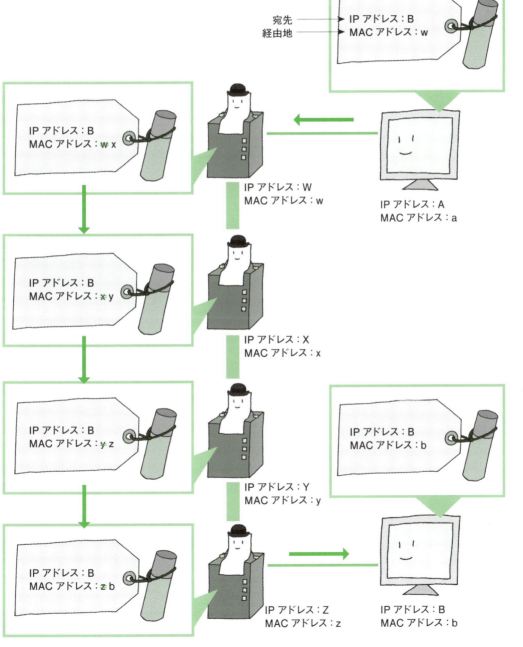

1 TCP/IPの概要

2 通信サービスとプロトコル

3 アプリケーション層

4 トランスポート層

5 ネットワーク層

6 データリンク層と物理層

7 ルーティング

8 セキュリティ

9 付録

ルーティングの仕組み

tracert コマンド

あるコンピュータまでの経路を表示するコマンドです。Windows では tracert、UNIX では traceroute と入力します。

tracert コマンド

tracert は、あるコンピュータまでの経路を表示する Windows 専用のコマンドです（UNIX ／Linux では traceroute）。ICMP メッセージを使うので、経路の途中に ICMP のやり取りを禁止している機器があると、結果は表示されません。

```
                半角スペースで区切ります。
PS C:¥> tracert www.shoeisha.co.jp  ← 「tracert+ 半角スペース」のあとに、経路
                                      を知りたいコンピュータのドメインまたは
                                      IP アドレスを入力します。
```

》 結果

```
PS C:¥> tracert www.shoeisha.co.jp

www.shoeisha.co.jp [114.31.94.139] へのルートをトレースしています
経由するホップ数は最大 30 です：

  1    <1 ms    <1 ms    <1 ms   192.168.0.1
  2     6 ms    <1 ms     4 ms   rt1.isp.xx.jp [61.193.170.140]     経路情報
  3     1 ms     1 ms     1 ms   www.shoeisha.co.jp [114.31.94.139] です。
                    ①                          ②
トレースを完了しました。
```

※ これはサンプルです。実際の「www.shoeisha.co.jp」からは上記のような結果は得られません。

①通信にかかる時間です。平均的な結果を得るために連続して3回調べます（回数は、オプションの設定で変更することができます）。

②通信相手のコンピュータです。上から順に経由地が続き、最後が最終目的地（宛先）となります。

経路追跡の仕組み

tracertは、通過してよい経由地の数を1つずつ増やしていき、それぞれの経由地から返ってくるICMPメッセージを見て宛先までの道筋をたどります。左ページの結果を例に流れを追ってみましょう。

① 経由地の数はIPヘッダの「生存時間」という項目に書き込まれます。まずは、「生存時間」を1にして宛先に送ります。

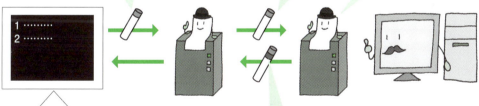

② 「生存時間」を2にして送ります。「生存時間」は経由地を通過するごとに1つずつ減っていきます。

③ 「生存時間」を3にして送ります。これで宛先まで届きます。

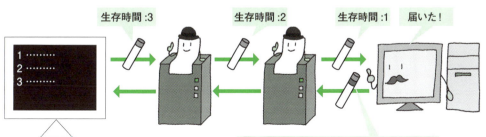

tracert コマンド　157

COLUMN

〜ルーティングアルゴリズム〜

　ルーティングについて調べると、「ルーティングアルゴリズム」という言葉をよく見かけます。この言葉を知るために、ここで少したとえ話をしましょう。

　あなたが山の頂上まで登るとき、「急だが短い道」と「なだらかだが長い道」のどちらかを選択しなければならないとします。「急だが短い道」なら短時間で頂上まで着くことができるし、「なだらかだが長い道」なら体に負担をかけずに頂上までたどり着くことができます。あなたなら、どちらを「最適なルート」と判断しますか？　このとき、あなたが判断に利用した「理由付け」にあたるのがルーティングアルゴリズム、その理由に基づいて選択された道を進むための方法にあたるのが、ルーティングプロトコルです。

　ところで、ネットワークセキュリティの脅威のひとつに「盗聴」があります。これは、通信中のパケットが盗まれることなのですが、このとき、パケットを盗むための不正なプログラムを仕掛けるポイントとして主に狙われるのは、ルーターです。つまり、経由するルーターの数が多ければそのぶんだけ、盗聴される可能性も増えるわけです。そこで、セキュリティを重視するという理由で、「ホップ数」が一番少ない経路を選ぶということが考えられます。また、サイズの大きなデータを送ることが多い場合には、「転送速度」や「回線の種類」を経路選択の決め手とするのも有効でしょう。どんな理由をもって「最適」とみなすか、それが、ルーティングアルゴリズムなのです。

　ちなみに「アルゴリズム」とは、コンピュータが何かを判断するときに使う計算方法のことです。コンピュータには、「なんとなく」とか「適当に」という理由付けは通用しません。的確に判断させるためには、数値化できるような条件を設定する必要があります。

8

セキュリティ

第8章はここがKey

外の世界は危険がいっぱい！？

　ネットワークに接続すると、他のコンピュータとデータのやり取りが容易にできるようになり、使用用途が広がります。しかし、外の世界への出入り口を設けることで、コンピュータやユーザーに危害を加える「招かれざる客」が入り込む危険性も出てきます。第8章では、通信に伴う危険と、コンピュータを危険にさらさないための対策を紹介します。

　通信に伴う危険には、主に「盗聴」、「改ざん」、「不正アクセス」、「DoS攻撃／DDoS攻撃」、「コンピュータウイルスの侵入」などがあります。このうち、DoS攻撃（Denial of Service attack）やDDoS攻撃（Distributed Denial of Service attack）という言葉は耳慣れない言葉かもしれません。これらは特定のサーバーやネットワーク機器に大量のデータを送り付けて、その処理機能を低下、または停止させてしまうという悪質な犯罪です。DoS攻撃では攻撃者と標的となるコンピュータが1対1なのに対し、DDoS攻撃では「Distributed＝分散」の名のとおり、まず攻撃者が「踏み台」と呼ばれる大量のコンピュータを不正に乗っ取り、そこから標的へ一斉にDoS攻撃を仕掛けます。そのため、DoS攻撃を進化させた攻撃手法がDDoS攻撃といえます。DDoS攻撃は、攻撃元が分散していて攻撃者の特定が難しいことから対策も立てにくく、最近はこちらの攻撃手法による被害が増加しています。

加害者になりうる恐怖

　通信によって受ける被害には、個人情報を公開されたり、コンピュータそのものを破壊されてしまったりなど、恐ろしいものが数多くあります。しかし、最も恐ろしいのは、知らないうちに加害者にされてしまうことでしょう。

　たとえば、パスワードやIDなどを盗まれた場合、第三者がそれらを使ってあなたになりすまし、悪事を働かないとも限りません。気が付いたときには、巧妙な手口で犯人に仕立て上げられていた、なんていう可能性もあるのです。また、コンピュータウイルスの侵入を許したことで、あなたのコンピュータを踏み台にして新たにウイルスがばら撒かれることもあります。ウイルスの感染先となるのは、一般的に「あなたのコンピュータに保存されているメールアドレス」、つまり、あなたの友人や仕事関係者などのコンピュータです。被害の大きさにかかわらず、あなたの信用を落としてしまうことになりかねません。

　こうした被害にあわないように、最終章では、いくつかのセキュリティに関する技術を紹介します。TCP/IPとは少し外れる話題も登場しますが、通信にセキュリティは欠かせません。知識を広げるつもりで読み進めてください。

ここが Key! 161

通信に潜む危険

「他のコンピュータとつながる」ということは便利な反面、さまざまな危険も伴うことを忘れてはいけません。

便利と危険は隣り合わせ

ネットワークに接続して他のコンピュータと通信できるのはとても便利です。しかし、外部とつながっている環境では、悪意を持った第三者からこんな被害を受ける可能性があります。

パケットが盗まれる！?

盗聴
通信中のパケットを不正にコピーされて、個人情報を盗まれることをいいます。

IDやパスワード、IPアドレスを盗まれることも…。

改ざん
通信中のパケットを盗まれて、情報を不正に書き換えられることをいいます。

電子メールの内容を書き換えられることも…。

油断していると痛い目を見ます。

162　第8章／セキュリティ

外部から攻撃される！？

不正アクセス
他人のコンピュータに許可なく侵入することをいいます。

> あなたのコンピュータを使って悪事を働くかもしれません。

DoS 攻撃（Denial of Service attack）/DDoS 攻撃（Distributed Denial of Service attack）
サーバーなどに、対処しきれない量のパケットを送り付け、機能を麻痺させることです。

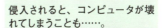

> 受信側の都合を考えずに一方的に送り付けられるスパムメールを使った攻撃もそのひとつです。

他にも…

コンピュータウイルスの侵入
コンピュータに危害を加えることを目的として作られたプログラムを「コンピュータウイルス」といいます。

> 侵入されると、コンピュータが壊れてしまうことも……。

これらの被害にあわないためには、日ごろの安全対策が肝心です。次のページからその一部を紹介しましょう。

通信に潜む危険 163

パケットを守る技術

もしも通信中にパケットが盗まれたら……。そんな場合に備えて、パケットにもうひと工夫しましょう。

パケットの盗難対策

パケットの盗難に備えて、次のような仕組みがあります。

≫暗号化

情報を守るための最も基本的な仕組みです。データをある法則に基づいて加工し、第三者が容易に読めないようにすることを**暗号化**、元に戻すことを**復号化**といいます。

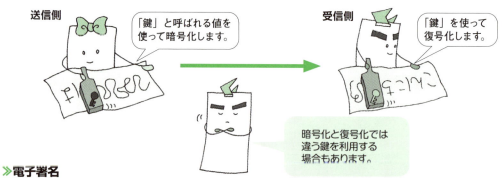

≫電子署名

データが改ざんされていないかを判断する仕組みです。データを特殊な方法で数値化し、これを暗号化したものを**電子署名**といいます。

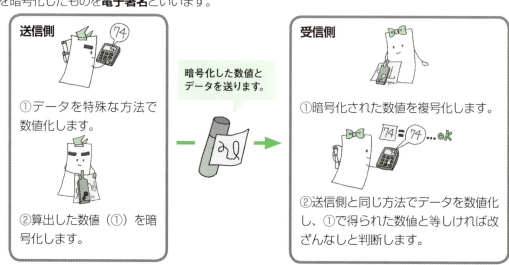

▶ 認証局による保証

通信相手の身元を保証する機関として**認証局（CA）**があります。通信者の間に立ち、第三者的な立場から通信を保証します。

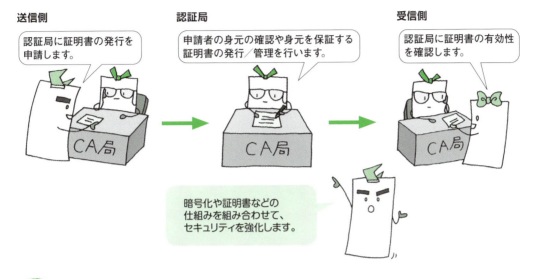

🔒 セキュリティプロトコル

暗号化や認証を行うセキュリティプロトコルを使うと、TCP/IP 通信の安全性を強化できます。セキュリティプロトコルには、階層の間に挿入して使うものや、ある階層に含めて使うものがある他、既存のプロトコルと組み合わせて使うものもあります。

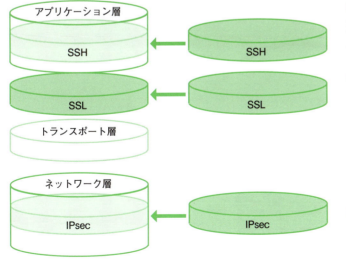

SSH（Secure Shell）
遠隔ログイン時の通信を暗号化するプロトコルです（P. 34 参照）。

SSL（Secure Socket Layer）
データを暗号化するプロトコルです（P. 54 参照）。

IPsec（IP Security）
IP データグラムの認証や暗号化を行うプロトコルの総称です。

パケットを守る技術 **165**

ファイアウォール

firewall（防火壁）は、外部の攻撃からコンピュータを守る仕組みです。

そのパケットは、安全?

送られてくるパケットを無条件に受け入れていては、コンピュータの安全は保障できません。そこで、パケットを制御する機能を持ったソフトウェアやハードウェアを利用します。これらを総称して、**ファイアウォール**といいます。

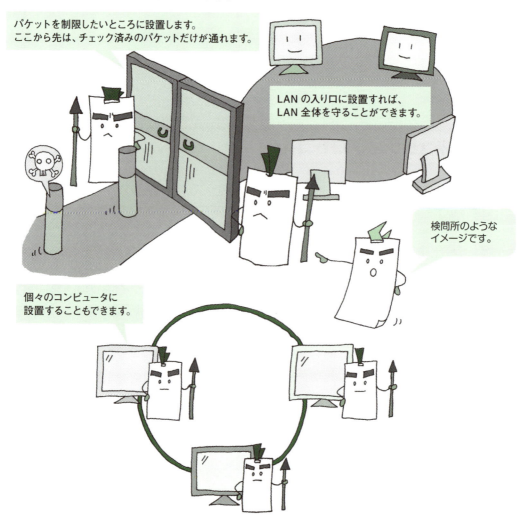

パケットを制限したいところに設置します。
ここから先は、チェック済みのパケットだけが通れます。

LANの入り口に設置すれば、
LAN全体を守ることができます。

検問所のような
イメージです。

個々のコンピュータに
設置することもできます。

166　第8章／セキュリティ

🔓 ファイアウォールの仕組み

階層ごとにヘッダの内容に応じたチェック項目を設け、それらをクリアしたデータだけを上の階層に渡すという方法で、不審なデータをふるい落としていきます。どの階層にどんな制限を設けるかは、管理者が決定します。

全ての項目を
クリアしたデータだけを
受け取ります。

アプリケーション層

たとえば……
・ウイルスの侵入を避けるため、決められた形式のファイル以外は受け付けない！

トランスポート層

たとえば……
・決められたポート宛てのパケット以外は受け付けない！
・通信を確立していない相手からのパケットは受け付けない！

ネットワーク層

たとえば……
・許可されたIPアドレスからのパケット以外は受け付けない！

安全性を重視すれば、
そのぶんユーザーが
できることは制限されます。

 1 TCP/IPの概要

 2 通信サービスとプロトコル

 3 アプリケーション層

 4 トランスポート層

 5 ネットワーク層

 6 データリンク層と物理層

 7 ルーティング

 8 セキュリティ

 9 付録

プロキシサーバー

「proxy」は、代理という意味です。私たちに代わって外部とのやり取りを行うプロキシサーバーは、セキュリティ対策として利用されています。

🔓 プロキシサーバー

クライアントに代わってインターネットに接続し、要求に応じた通信サービスを受けてその結果をクライアントに提供するサーバーを**プロキシサーバー**といいます。

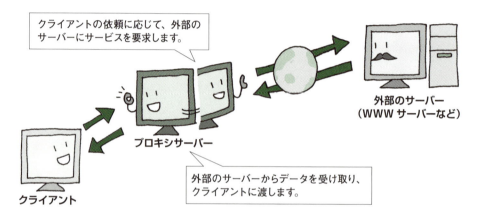

HTTPやSMTP、POPなどプロトコルごとに対応するプロキシサーバーがあります。しかし、一般にプロキシサーバーというと、WWWサービスを代行するHTTPプロキシサーバーを指します。

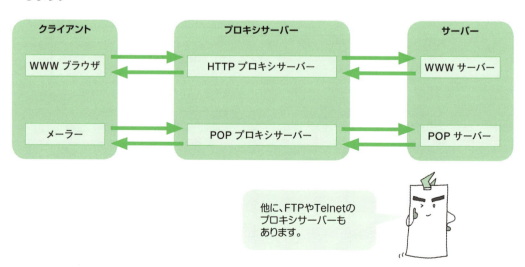

プロキシサーバーのメリット

プロキシサーバーを使うと主に次のようなメリットがあります。

≫ 安全性
ユーザー認証機能やサービスの利用制限を設定しておけば、クライアントの安全を一括して守ることができます。

個別管理が難しい大規模なネットワークでは特に有効です。

≫ 匿名性
外部のサーバーとアクセスするのはあくまでプロキシサーバーなので、クライアントの固有の情報が外に漏れることがありません。

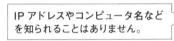

IPアドレスやコンピュータ名などを知られることはありません。

≫ 利便性
プロキシサーバーは、全てのユーザーが閲覧したWebサイトの情報を一時的に保管（キャッシュ）します。プロキシサーバー内に保管されているWebサイトを要求されると、外部のサーバーとやり取りせずにクライアントに返します。

Webページが早く表示されます。

自分以外の誰かが閲覧したページも素早く表示できます。

保管されていない場合はWWWサーバーから取り寄せます。

COLUMN

〜世界最古のウイルス〜

　世界最古のコンピュータウイルスは、1986年にパキスタンで生まれました。パキスタンでパソコンショップを経営する兄弟が、自分たちの開発したソフトウェアが不正にコピーされていることに気付き、対抗手段として、ユーザーがソフトをコピーすると自動的に警告文書が表示されるというプログラムを開発しました。これが、世界最古のコンピュータウイルス「Brain」です。このウイルスはIBM社製のパソコンにしか感染しないことに加え、当時はデータを保存する手段としてフロッピーディスクが一般的だったため、今のように爆発的に広まるということはありませんでした。

　ところでこの「Brain」ですが、最初は単に文書を表示するだけという、いわば「良性（？）」のウイルスでした。しかし、のちにアメリカで発見されたときにはハードディスクを破壊するプログラムが書き加えられているなど、「悪性」のウイルスに姿を変えていたそうです。「悪事を働く人を懲らしめてやろう」という目的で作ったものが、結果として悪事の手段になってしまったとは、なんとも皮肉な話ですね。

　今日、コンピュータウイルスは手を変え品を変えた形で登場しては世間を騒がせています。一般家庭にパソコンが普及し、インターネットへの接続がごく一般的となった現在では、ウイルスが広がるスピードは速まるばかりです。また、パソコン自体の操作が簡単になり、それほど知識のないユーザーでも気軽に外部との通信ができるようになったことも、ウイルス感染の拡大につながっています。ウイルスの蔓延を食い止めるには、ユーザーひとりひとりが安全に対する意識を持つことが大切です。

　たとえば、添付ファイルを開くと同時にパソコンに記録されているメールアドレス全てに自分の複製を転送する、というウイルスがあります。不用意にこの添付ファイルを開いてしまったら、その瞬間に自分の周りの人にウイルスをばら撒くことになり、結果としてあなたは被害者でありながら加害者になってしまいます。自宅に知らない人から小包が届いたら、すぐにそれを開けたりはしませんよね？　パソコンだとクリックひとつでことが済んでしまうので気楽に考えてしまいがちですが、ちょっと用心するだけでトラブルを回避できることもあるということを覚えておきましょう。

9

付録

OSI参照モデル

TCP/IP とも深いかかわりのある、OSI 参照モデルについて紹介します。

OSI

通信プロトコルについて調べたことがある人は、「OSI 参照モデル（または OSI 階層モデル）」という言葉を聞いたことがあるかもしれません。OSI 参照モデル（Open Systems Interconnection Reference Model）とは、OSI という通信プロトコルの基本構造を表したものです。

OSI は 1970 年代後半に ISO（International Organization for Standardization：国際標準化機構）によって標準化が進められていた通信プロトコルです。その後、TCP/IP と並ぶ勢いで成長し、一時は両者が競合したこともありました。しかし、構造がより単純なことや開発の進行が早かったことなどから、結果的には TCP/IP に軍配が上がりました。

OSI そのものは広く普及することはありませんでしたが、「通信に関わる仕組みを分類し、階層という形でそれらを独立させることで、ある層での変更が他の層に影響しないようにする」という OSI の基本概念は、OSI 参照モデルという形で現在も広く知られています。

OSI 参照モデルは、右の図のように 7 階層からなっています。TCP/IP でいうアプリケーション層の部分が OSI 参照モデルでは 3 層に分かれているということ以外は、TCP/IP の階層とほぼ同じです。また、図を見るとわかると思いますが、本書における TCP/IP の各階層の名称は、OSI 参照モデルに合わせています。別の呼び名があるものに関しては併記しましたので参考にしてください。

OSI 参照モデルは通信プロトコルの話題にはよく登場しますので、覚えておくとよいでしょう。

OSI 参照モデル

アプリケーション層（第7層）
通信サービス固有の仕組みを扱う層です。ファイル転送や電子メール、遠隔ログイン（仮想端末）などのプロトコルがあります。

プレゼンテーション層（第6層）
データ形式の変換を行い、ユーザーとコンピュータの橋渡しをする層です。送りたいデータを通信に適した形にしたり、届いたデータをユーザーがわかる形にしたりします。

セッション層（第5層）
コネクションの確立や切断、転送するデータの切れ目の設定など、データ転送の管理を行う層です。

トランスポート層（第4層）
宛先のアプリケーションにデータを確実に届ける役割を持った層です。ルーターなどの中継地点を意識しないで、送信側と受信側が1対1で通信できる機能を提供します。

ネットワーク層（第3層）
宛先のコンピュータにデータを届ける役割を持った層です。複数の中継地点を経由して通信できる機能を提供します。

データリンク層（第2層）
直接接続された機器との通信を行う層です。ビット列をフレームに分けてネットワーク層に渡したり、フレームをビット列に変換して物理層に渡したりします。

物理層（第1層）
通信媒体についての取り決めを行う層です。ビット列から電圧の高低や光の点滅への変換や、電圧の高低や光の点滅からビット列への変換も行います。

TCP/IP モデル

アプリケーション層
OSI参照モデルの第5・6・7層に含まれる機能を担当します。ただし、第5層の一部の機能は、TCP/IPでは「トランスポート層」に含まれます。

トランスポート層
OSI参照モデルの第4層に含まれる機能と、第5層の機能の一部を担当します。

ネットワーク層
OSI参照モデルと同じです。インターネット層ともいいます。

データリンク層
OSI参照モデルと同じです。ネットワークインターフェース層ともいいます。

物理層
OSI参照モデルと同じです。

1 TCP/IPの概要

2 通信サービスとプロトコル

3 アプリケーション層

4 トランスポート層

5 ネットワーク層

6 データリンク層と物理層

7 ルーティング

8 セキュリティ

9 付録

IPv6 について

第 5 章に登場した IPv6 を、もう少し詳しく見ておきましょう。

 IPv6

IP アドレスが足りなくなる「IP アドレス枯渇問題」への対応策として、現在、これまで利用されてきた IPv4（Internet Protocol version 4）から、新しく開発された IPv6（Internet Protocol Version 6）への移行が進められています。IP アドレスを表すという目的は同じですが、IPv4 と IPv6 に互換性はありません。名称や仕組みなどさまざまな点においても違いが見られます。IPv4 との違いや特色などについては第 5 章でも解説しましたが、もう少し基本を補足しておきましょう。

≫ IPv6 アドレスの種類

IPv6 アドレスは、大きく分けて次の 3 種類に分類されます。

ユニキャストアドレス

1 つのインターフェースに付与されるアドレスです。そのため、コンピュータに複数のインターフェースがある場合は、その数だけユニキャストアドレスが割り振られることになります。1 対 1 の通信では、このアドレスを使ってやり取りをします。ユニキャストアドレスは、通信可能な範囲を表す「スコープ」によって、次の 3 つに分類できます。

　　グローバルユニキャストアドレス
　　　　……グローバルネットワーク。IPv4 のグローバルアドレス（P. 96）に相当
　　ユニークローカルユニキャストアドレス
　　　　……組織内ネットワーク。IPv4 のプライベートアドレス（P. 110）に相当
　　リンクローカルユニキャストアドレス
　　　　……近隣のノードまで。ルーターは越えられない

マルチキャストアドレス

特定のグループに対して一斉に送信するために使われるアドレスで、複数のインターフェースに割り振ることができます。IPv6 にはブロードキャストアドレス（P. 107）が存在しませんが、マルチキャストアドレスの一部を使って同様の機能を実現できます。

エニーキャストアドレス

マルチキャストアドレスと同様に、複数のインターフェースに割り振ることができるアドレスですが、エニーキャストアドレスの場合は、そのアドレスを持つグループ内でネットワークに一番近いインターフェースにパケットが届けられます。それ以外のインターフェースには送信

されません。

» IP アドレスの設定

IP アドレスを自動的に割り振る方法としては、DHCP（P. 106）の IPv6 版である DHCPv6 （Dynamic Host Configuration Protocol for IP Version 6）を使用する方法に加えて、**ステートレスアドレス自動設定**という方法が導入されました。ステートレスアドレス自動設定は、DHCPv6 サーバーがなくてもルーターによってアドレスを自動的に生成することができる機能です。これに対して、DHCPv6 サーバーを用いる方法は**ステートフルアドレス自動設定**と呼ばれます。

» NAT/NAPT が不要

IPv4 では、IP アドレス不足の一時的な解決策としてプライベートアドレスや NAT/NAPT という仕組みが導入されましたが（P. 111）、IP アドレスが膨大にある IPv6 では、NAT/NAPT は不要になります。

この他、通信内容（IP データグラム）の暗号化や、マルチキャストの機能なども追加されており、IPv6 のほうがより安全で便利になっているのは P. 98 で触れたとおりです。

IPv6 についてより詳しくは、専門の書籍や Web サイトなどを参照してください。

移行は進められていますが、世界中のネットワークをIPv6に置き換えるのには、まだまだ時間がかかるかもしれません。

ネットワーク機器

ネットワークを作るときに使う、ケーブルや機器を紹介します。

ネットワーク機器いろいろ

第6章でネットワークを構成するケーブルや機器について簡単に触れましたが、ここではもう少し詳しく紹介します。

≫ ケーブル

名　称	解　説
同軸ケーブル  by FDominec	銅線をビニールなどで絶縁して、その周りを網状の銅または箔で覆い、外側をビニールで包んでいます。網状の部分に電流を流すことで外からの電波を遮断します。また、同軸ケーブルは太さによって2種類あり、直径 10mm のものを Thick ケーブル、5mm のものを Thin ケーブルといいます。
ツイストペアケーブル（より対線） 	2本の銅線をより合わせて1対にし、それを何対かまとめて1本のケーブルにしています。外からの電波を遮断するために1対ずつ金属で覆われているものを STP (Shielded Twisted-Pair)、覆われていないものを UTP (Unshielded Twisted-Pair) といいます。品質によってカテゴリ1〜7/7A に分けられますが、LAN で利用されるのはカテゴリ3以降です。
光ファイバーケーブル  by Christophe Merlet	直径 0.1mm 程度の繊維状のガラスをナイロンなどで覆い、それを数十本から数百本束ねて1本のケーブルにしています。光の伝え方によって2種類あり、光を直進させて伝えるものを SMF (Single Mode Fiber)、反射させて伝えるものを MMF (Multi Mode Fiber) といいます。前者は長距離の転送に、後者は短距離の転送に向いています。

≫ ネットワークアダプタ

名 称	解 説
PCI Express スロットタイプ	デスクトップ PC 用です。PC 内部の基盤（マザーボード）にある機器の差し込み口（PCI Express スロット）に挿入して使用します。
USB タイプ	デスクトップ PC やノート PC の USB ポートに挿入して使用します。設置に手間はかかりませんが、バージョンによって転送速度が異なるため、注意が必要です。 【最大転送速度】 USB1.1：12Mbps USB2.0：480Mbps USB3.0：5Gbps
Wi-Fi 用（子機）	無線 LAN（Wi-Fi）機能を内蔵していない PC 用です。USB で接続するタイプが一般的です。

≫いろいろな機器

本書で紹介した機器は、実際にはこんな形をしています（形状や機能は製品によって異なります）。

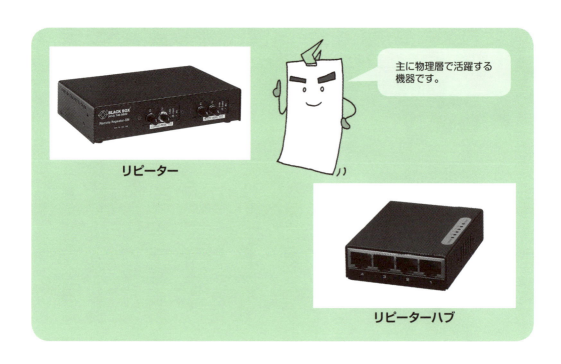

リピーター

リピーターハブ

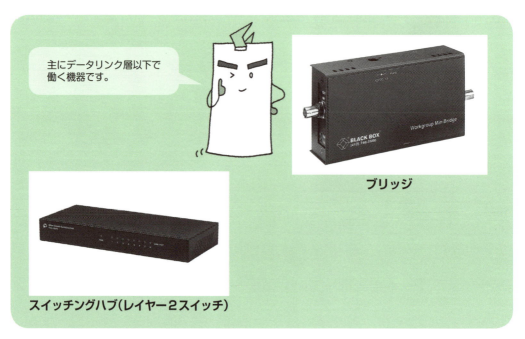

ブリッジ

スイッチングハブ（レイヤー2スイッチ）

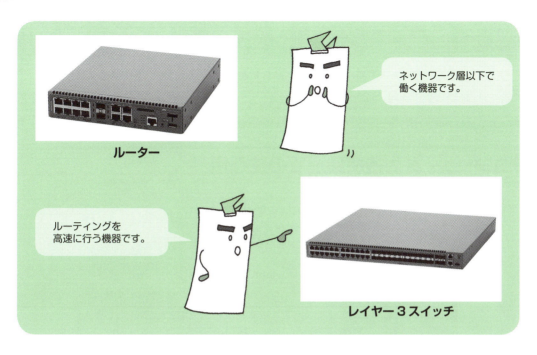

» **ゲートウェイ**

規格の異なるネットワークどうしをつなぐ役割を持った機器やソフトウェアをゲートウェイといいます。全ての階層において違いを吸収する機能を持っており、たとえば携帯電話をインターネットに接続するときなど、全く異なる機器どうしをつなぐときに利用されます。ゲートウェイ（Gateway）には出入り口という意味があり、ルーターやプロキシサーバーをこのように呼ぶこともあります。

製品情報：アライドテレシス株式会社（https://www.allied-telesis.co.jp/）
　　　　　ブラックボックス・ネットワークサービス株式会社（https://www.blackbox.co.jp/）
　　　　　プラネックスコミュニケーションズ株式会社（https://www.planex.co.jp/）
※ 機器には、現在取り扱われていない製品が含まれる場合があります。

ネットワーク機器　179

インターネット利用時の注意点

危険を避けつつ便利にインターネットを利用するには、どのような注意が必要でしょうか。

コンピュータや接続環境での注意点

常時接続では、玄関の扉を開けっ放しにしているのと同じ状態です。外部から不正に侵入される恐れがあることを認識したセキュリティ対策が必要です。

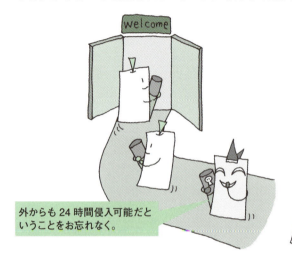

対　策
・利用しないポートは閉じる
・セキュリティソフトを導入する
・OSやアプリケーションにセキュリティパッチをあてる

セキュリティパッチは、ソフトウェアの作成元がWebなどを通じて配布しています。

外からも24時間侵入可能だということをお忘れなく。

≫無線LANでは特に注意

無線LAN（Wi-Fiなど）の場合、電波が届く範囲内であれば、第三者であってもその電波を受信できてしまいます。そのため、特に盗聴や改ざんには気を付けましょう。

対　策
・通信内容を暗号化する（AES、TKIPなど）
・やり取りできる機器を制限する（SSID、MACアドレスフィルタリング）

「壁一枚はさんでいれば安心」とは言い切れません。

🔓 Webを利用するときの注意点

Webサイトは便利ですが、たとえば、情報を盗むための悪質な偽装サイトやコンピュータウイルスが埋め込まれているWebサイトにアクセスしてしまう危険性もあります。注意を怠らないことが重要です。

対　策

・信頼できないWebサイトは閲覧しない
・信頼できない広告やリンクはクリックしない
・IDやパスワードを使い回さず、パスワードは定期的に変更する
・不用意にファイルやプログラムをダウンロードしない

ウイルスに感染する恐れがあるだけでなく、画像や動画の著作権／肖像権を侵害することもあります。

その他の注意事項

むやみに個人情報を提示しない
アンケートや懸賞、会員登録など、住所／氏名、電話番号、メールアドレスなどの入力が必要になる場面も少なくありませんが、登録した情報が何らかの形で外部に流出する可能性もあります。登録する前に、そのWebサイトが信頼できるかどうかをよく確認しましょう。

マナーは日常生活と同じ
インターネットでは顔が見えない気楽さから、マナーを忘れた言動に走ってしまうユーザーがいます。ちょっとしたやり取りから問題が生じ、結果として大きなトラブルに発展することもあります。無用なトラブルに巻き込まれないためにも、コンピュータの向こう側にいる「ユーザー」の存在を意識しましょう。

インターネット利用時の注意点

数字	
3COM	88
3ウェイハンドシェイク	76

A	
ACK	76
ADSL	18
AES	180
Anonymous FTP	31
API	88
APOP	57
ARP	127, 142
ARPANET	xviii

B	
BASE64	65
BGP	153
biz	25
Bluetooth	116
Brain	170

C	
CA	55, 165
CATV	18, 137
ccTLD	25
CERN研究所	40
CGI	51, 52
CIFS	37
Class	116
com	25
Cookie	51
CSMA/CA方式	135
CSMA/CD方式	130

CUI	xx, 32

D	
DDoS攻撃	163
DHCP	106
DHCPv6	175
DNS	112
DoS攻撃	163

E	
EGP	152
Ethernet	130

F	
FCS	131, 136
FDDI	134
file	24
FIN	76
FTP	24, 30
FTPS	31

G	
GET	49
Google Chrome	26
gTLD	25
GUI	35

H	
HTTP	24, 27, 48
https	24, 54

I	
IBM	88, 116, 170
ICANN	96
ICMP	91, 104
ICMPv6	104

182

ifconfig ·················· **114, 143**	MUA ····················· **59**
IGP ························ **152**	**N**
IM ························· **39**	NAPT ·················· **111, 175**
IMAP4 ···················· **57**	NAT ··················· **111, 175**
info ······················ **25**	ND ······················· **127**
Internet Explorer ·········· **26**	net ······················· **25**
ip ························ **142**	NetBEUI ·················· **88**
IP ····················· **10, 90**	NetBIOS ·················· **88**
ipconfig ·············· **114, 143**	netsh ···················· **142**
IPsec ···················· **165**	netstat ··················· **86**
IPv4 ··············· **96, 103, 174**	NFS ······················ **37**
IPv6 ··············· **98, 103, 174**	NIC ······················ **124**
IPアドレス ······· **96, 98, 106, 174**	NTP ······················ **66**
IPデータグラム ·············· **94**	**O**
IP電話 ················· **xix, 38**	org ······················ **25**
IPマスカレード ·············· **111**	OSI参照モデル ·············· **172**
IrDA ····················· **116**	OSPF ···················· **153**
ISDN ····················· **18**	Outlook ··················· **28**
ISO ······················ **172**	**P**
J	PCI Express ··············· **177**
JISコード ·················· **63**	ping ····················· **115**
K	POP ···················· **29, 60**
KEK ······················ **40**	PowerShell ············· **xx, 86**
L	PPP ······················ **136**
LAN ······················ **xv**	PPPoE ···················· **137**
LAN Manager ·············· **88**	PSH ······················ **76**
LINE ····················· **39**	PUT ······················ **49**
Linux ················ **114, 143, 156**	**R**
M	RDP ······················ **35**
macOS ···················· **35**	RIP ······················ **153**
MACアドレス ············ **124, 154**	RST ··················· **76, 81**
MACアドレスフィルタリング ···· **180**	RTCP ····················· **38**
MIME ····················· **64**	RTP ······················ **38**
MMF ····················· **176**	**S**
MTA ······················ **59**	Samba ···················· **36**

183

SFTP	31	UTP	176

V

SIP	38
VoIP	38

Skype	39

W

SMB	37
WAN	xv, 129
SMF	176
Webサービス	xix
SMTP	29, 58
Webページ	26, 40
SNMP	66
Wi-Fi	18, 177, 180
SNTP	66
Windows	xx, 36, 88, 114, 156
SSH	34, 165
WWW	xix, 26, 40
SSID	180

あ

SSL	54, 165
STP	176
握手	76
SYN	76
アップロード	22

T

アナログ電話回線	18
TCP	10, 71, 74
アプリケーション層	10, 44, 173
TCP/IP	xiii, xviii, 6
アプリケーションプロトコル	45
TCP/IPプロトコルファミリー	10
アプリケーションヘッダ	46
TCPヘッダ	83
暗号化	164
Telnet	24, 32
イーサネット	130, 144
Thickケーブル	176
イーサネットフレーム	131
Thinケーブル	176
インスタントメッセンジャー	39
Thunderbird	28
インターネット	xv
Tim Berners-Lee博士	40
インターネット層	90
TKIP	180
インテル	116
TLS	54
イントラネット	xv
traceroute	105, 156
ウィンドウサイズ	77, 83
tracert	105, 156
ウェルノウン・ポート番号	73

U

エニーキャストアドレス	174
UDP	71, 84
エリクソン	116
UNIX	36, 114, 143, 156
遠隔ログイン	xix, 32
URG	76, 83
エンコード	62
URL	24
エンベロープ	56
US-ASCII	63
応答	49
USB	177
応答ヘッダ	49
UTF-8	63
オプション	87

オペレーション ……………………… 127

か

改ざん …………………………………… 162
開始符号 ……………………………… 131
回線交換 ……………………………… 38
階層化 ………………………………… 8
外部アドレス ………………………… 87
確認応答番号 ………………………… 83
カプセル化 …………………………… 12
画面共有 ……………………………… 35
ギガビットイーサネット …………… 144
共通鍵 ………………………………… 55
緊急ポインタ ………………………… 83
近隣キャッシュ ……………………… 142
近隣検索 ……………………………… 127
空行 …………………………………… 49
クッキー ……………………………… 51
国コード ……………………………… 25
クライアント ………………………… 22
グローバルユニキャストアドレス …… 174
経路 …………………………………… 95
ゲートウェイ ………………………… 179
ケーブルテレビ ……………………… 18
高エネルギー加速器研究機構 ……… 40
公開鍵 ………………………………… 55
公衆網 ………………………………… xv
個人情報 ……………………………… 181
コネクション型通信 ………………… 74
コネクションレス型通信 ……… 84, 104
コマンド ………………………… 33, 57
コリジョン …………………………… 130
コントロールフラグ …………… 76, 83
コンピュータウイルス ………… 163, 170
コンピュータネットワーク ………… xiv

さ

サーバー ……………………………… 22
サーバー名 …………………………… 25
サービスタイプ ……………………… 103
再送 …………………………………… 80
サブネット …………………………… 108
サブネットマスク ………… 97, 99, 109
シーケンス番号 …………………… 78, 83
識別子 ………………………………… 103
証明書 ………………………………… 55
スイッチングハブ ………… 131, 141, 178
スキーム名 …………………………… 24
スター型 ……………………………… 129
ステータス行 ………………………… 49
ステートレスアドレス自動設定 …… 175
ステートレスプロトコル …………… 50
制御文字 ……………………………… 63
生存時間 …………………………… 103, 157
静的ルーティング …………………… 150
セキュリティソフト ………………… 180
セキュリティパッチ ………………… 180
セキュリティプロトコル …………… 165
セグメント …………………………… 74
セグメントサイズ …………………… 77
セッション層 ………………………… 173
全二重通信 …………………………… 131
層 ………………………………… 8, 12
組織の属性 …………………………… 25
組織名 ………………………………… 25

た

タイムサーバー ……………………… 66
ダイヤルアップ ……………………… 18
ダウンロード ………………………… 22
チェックサム ………… 81, 83, 85, 105
ツイストペアケーブル …………… 131, 176

185

通信サービス	xix	ネットワーク機器	176
通信媒体	123	ネットワーク層	10, 92, 173
通信プロトコル	5	ネットワーク部	96, 97
データオフセット	83	ノード	122, 128
データ長	85	ノード番号	124
データ量	77	ノキア	116

は

データリンク	118, 120	バージョン	103
データリンク層	10, 120, 173	ハードウェアサイズ	127
テキストベース	47	ハードタイプ	127
デコード	62	バイナリベース	47
電子署名	164	パケット	14, 16
電子メール	xix, 28, 56	パケット交換	16
電話回線	xv	パケット長	103
同期用信号	131	パス	24
東芝	116	バス型	128
盗聴	158, 162	パッシブハブ	140
動的ルーティング	151	パディング	83, 103
トークン	133	ハブ	140
トークンパッシング方式	132	ハンドシェイク	76
トークンリング	132	半二重通信	130
ドメイン	25	光回線	18, 137
トラフィッククラス	103	光ファイバーケーブル	xv, 18, 123, 131, 176
トランスポート層	10, 70, 173	ビット列	9, 14
トレーラ	12	秘密鍵	55

な

名前解決	112	ファイアウォール	166
認証局	55, 165	ファイル共有	xix, 36
ネームサーバー	112	ファイル転送	xix, 30
ネクストヘッダ	103	ファイル名	24
ネクストホップ	149	ファストイーサネット	144
ネットニュース	73	復号化	164
ネットマスク	97	不正アクセス	163
ネットワーク	xiii	ブックマーク	26
ネットワークアダプタ	177	物理層	10, 122, 173
ネットワークインターフェースカード	124	プライベートアドレス	110

ブラウザ ……………………… **26, 40**	無線LANルーター ………………… **179**
フラグ ………………………… **103**	メーラー …………………………… **28**
フラグメントオフセット ………… **103**	メールアカウント ………………… **28**
プリアンブル ……………………… **131**	メールアドレス …………………… **28**
ブリッジ ……………………… **139, 178**	メールヘッダ ……………………… **56**
フレーム …………………………… **120**	メールボックス …………………… **28**
プレゼンテーション層 …………… **173**	メソッド …………………………… **49**
ブロードキャスト ………………… **84**	メッシュ型 ………………………… **129**
ブロードキャストMACアドレス ……… **126**	文字コード ………………………… **62**
ブロードキャストアドレス ……… **107**	
フローラベル ……………………… **103**	**や**
プロキシサーバー ………………… **168**	ユニークローカルユニキャストアドレス …… **174**
プロトコル ……………… **xvi, 5, 103**	ユニキャストアドレス …………… **174**
プロトコルサイズ ………………… **127**	要求 ………………………………… **49**
プロトコルタイプ ………………… **127**	要求ヘッダ ………………………… **49**
プロファイル ……………………… **116**	
ペイロード長 ……………………… **103**	**ら**
ベストエフォート方式 …………… **94**	リピーター ……………… **123, 138, 178**
ヘッダ ………………………… **12, 47**	リピーターハブ ………… **130, 140, 178**
ヘッダチェックサム ……………… **103**	リモートデスクトップ …………… **35**
ヘッダ長 …………………………… **103**	リング型 …………………………… **128**
ベンダ識別子 ……………………… **124**	リンクローカルユニキャストアドレス ……… **174**
ポート ………………………… **68, 72**	ルーター ………………… **100, 179**
ポート番号 ……… **24, 73, 83, 85, 87**	ルーティング …………………… **148**
ホスト部 ……………………… **96, 97**	ルーティングアルゴリズム ……… **158**
ホップ ………………………… **101, 151**	ルーティングテーブル …………… **149**
ホップリミット …………………… **103**	ルーティングプロトコル ……… **152, 158**
ボディ ……………………………… **49**	ルートサーバ ……………………… **113**
	レイヤー …………………………… **8**
ま	レイヤー3スイッチ ……………… **179**
マイクロソフト …………………… **88**	レスポンス ………………………… **57**
マナー ……………………………… **181**	ローカルDNSサーバー …………… **112**
マルチキャスト …………………… **84**	
マルチキャストアドレス ………… **174**	
無線 ……………………………… **18, 123**	
無線LAN …………… **xv, 18, 135, 177, 180**	

187

［著者紹介］

株式会社アンク (http://www.ank.co.jp/)

ソフトウェア開発から、Webシステム構築、デザイン、書籍執筆まで幅広く手がける会社。著書に絵本シリーズ「『Cの絵本 第2版』『C++の絵本 第2版』『PHPの絵本 第2版』『Pythonの絵本』」ほか、辞典シリーズ「『ホームページ辞典』『HTML5&CSS3辞典』『HTMLタグ辞典』『CSS辞典』『JavaScript辞典』」（すべて翔泳社刊）など多数。

- ■書籍情報はこちら ・・・・・・http://www.ank.co.jp/books/
- ■絵本シリーズの情報はこちら ・・http://www.ank.co.jp/books/data/ehon.html
- ■翔泳社書籍に関するご質問 ・・・https://www.shoeisha.co.jp/book/qa/

執筆	渡辺 彩夏、小林 麻衣子、高橋 誠
第2版制作	新井 くみ子
第2版制作協力	高橋 誠
イラスト	小林 麻衣子

装丁・本文デザイン	坂本 真一郎（クオルデザイン）
DTP	株式会社 アズワン

TCP/IPの絵本 第2版
ネットワークを学ぶ新しい9つの扉

2003年	12月12日	初版第1刷発行	
2017年	4月 5日	初版第18刷発行	
2018年	7月11日	第2版第1刷発行	
2023年	2月10日	第2版第3刷発行	

著 者	株式会社アンク
発行人	佐々木 幹夫
発行所	株式会社 翔泳社 (https://www.shoeisha.co.jp/)
印刷・製本	株式会社シナノ

©2018 ANK Co., Ltd

本書は著作権法上の保護を受けています。本書の一部または全部について（ソフトウェアおよびプログラムを含む）、株式会社 翔泳社から文書による許諾を得ずに、いかなる方法においても無断で複写、複製することは禁じられています。

本書へのお問い合わせについては、iiページに記載の内容をお読みください。

乱丁・落丁はお取り替えいたします。03-5362-3705までご連絡ください。

ISBN978-4-7981-5515-9　　　　Printed in Japan